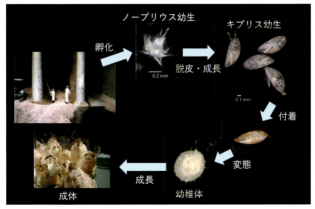

口絵1　アカフジツボの生活史（p.4, 図1.2）

口絵2　さまざまな環境に生息する海の付着性の動物（p.12, 図2.2）
A：岸壁上に付着したカイメン類, B：磯の潮間帯にびっしりと付着したムラサキインコ, C：コンブの表面を覆うコケムシの群体, D：養殖ホタテガイの表面に付着したさまざまな付着性の動物, E：沿岸域の海底の岩肌にみられる付着性の動物がつくる群集, F：グソクムシの体表に付着するコケムシ類.

口絵3　付着性の無脊椎動物の種と形態の多様性（p.14, 図2.4）
A：直径50 cmを超えるカイメン類（海綿動物門），B：ソコキリコクラゲムシ（有櫛動物門），C：クダウミヒドラの一種（刺胞動物門），D：岸壁に固着したカンザシゴカイ類（環形動物門），E：貝殻に固着したコケムシ類（苔虫動物門），F：貝殻に付着したクロスタテスジチョウチン（腕足動物門），G：ヒドロ虫の群体に固着したスズコケムシの仲間（内肛動物門），H：ウミガメの甲羅に付着したカメフジツボ（節足動物門），I：フサカツギの群体（半索動物門），J：ウミシダ類のペンタクリノイド幼生（棘皮動物門），K：群体性のイタボヤ類（脊索動物門）．

口絵4　生物多様性に影響する付着生物達（p.21, 図3.1）
A：サンゴ礁，B：群生するウミトサカ，C：干潟に存在するカキ礁，D：フジツボの隙間に生息するオニイソメ，E：磯を覆い尽くすケヤリムシ，海藻の下の茶色い部分はすべてケヤリムシ類で構成されている，F：ケヤリムシを剥いだ様子，絡み合った巣の隙間に砂や生物が溜まっている．

口絵5 イソメ科 *Eunice* 属の多毛類によって構成される「ゴカイの森」（p.25, 図3.2）図中に見える樹状のものはすべてゴカイの巣（手前右の紫色のものは海綿）.

口絵6 シンカイヤドカリ類に共生するヤドリスナギンチャク属の一種（撮影者：辛島なつ）（p.28, 図2）

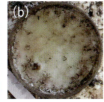

口絵7 SLUG の優れた海洋生物付着抑制機能：(a) 未処理のペトリ皿, (b) PDMS, (c) SLUG を被覆したペトリ皿（p.78, 図3.7）

口絵8 親水・疎水ドメイン構造による防汚剤フリー自己研磨型船底防汚塗料のフィールドテストの結果（施工後12か月後の様子）（p.92, 図5.3）トモ側（船尾側）の左：右舷側，右：左舷側における付着物の状況．左右とも中央部の四角い部分が塗装箇所．

口絵9 染色試薬を用いた観察例（p.103, 図1.4）上段（明視野）：左から二枚貝類の幼生，カイアシ類，多毛類の幼生．下段（暗視野（染色観察））：左から二枚貝類の幼生，カイアシ類，多毛類の幼生．上段と下段は同じ個体の顕微鏡写真．

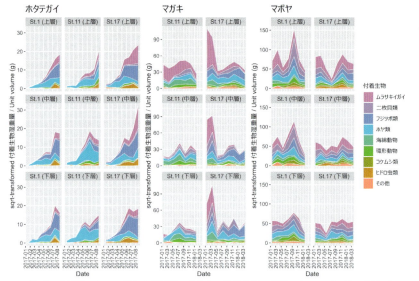

口絵 10　女川湾において異なる養殖種に着生する付着生物の出現パターン（p.121, 図 4.2）

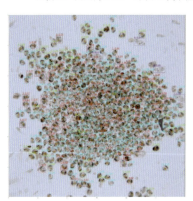

▲口絵 11　AI を用いた野外採取サンプル中のカキ幼生の検出（p.140, 図 2.4）

口絵 12　料亭のミネフジツボ（p.148, 図 3.3）

口絵 13　八戸彦一氏によるむつ湾養殖ミネフジツボの収穫（2012年9月）（p.148, 図 3.4）

口絵 14　マイクロアクアリウム全体（p.152, 図 1）
矢印上から大型モニター，水槽本体，操作用のボタン．

付着生物のはなし

生態・防除・環境変動・人との関わり

日本付着生物学会［編］

頼末武史・室﨑喬之・渡部裕美［編集委員］

朝倉書店

は じ め に

　本書『付着生物のはなし』は，2022年10月6日〜7日に東京大学大気海洋研究所で開催された日本付着生物学会50周年記念シンポジウム「付着生物はおもしろい！　―付着生物研究で社会を豊かに―」での講演，議論を基に企画・編集された.

　2022年6月に設立から50周年を迎えた日本付着生物学会は，文字通りの"付着生物"や生物の基質への「付着」という現象を扱う研究者，および付着生物に関心のある人たちが集まり，基礎科学から産業への応用，文化・教育活動への利用までの幅広い分野を扱うユニークな学会である. 付着生物自体はマイナーな生物群と思われがちだが，生物が基質に付着する現象は科学的にきわめて興味深く，船舶や海中構造物への生物付着は産業的にも重大な問題を引き起こす. そのため，付着防除技術の開発や付着物質・付着機序の産業応用のための研究が活発に進められてきた. しかし，生物の付着機構は未だに多くの謎と可能性を秘めた現象であり，また，天然海域で膨大な生物量を持つ付着生物は，海藻類や貝類，甲殻類などの水産有用種と付着基質や餌料を競合する意味でも重要な生物群である. 付着生物研究は，水産海洋分野における最後のフロンティアの一つと言えるだろう.

　本書では，50周年記念シンポジウムでの講演者をはじめ，計29名の皆様に章またはコラムをご執筆いただいた. シンポジウムでの講演・議論の内容を基に，日本付着生物学会で扱う主要な活動内容が以下の5章に再構成してまとめられている.

　第1章「付着生物の多様性」では，付着生物とはどのような生物なのかについて，その多様性や生態系における働きを中心に概説する（3節と1コラム）. 第2章「付着生物の幼生生態」では，生物付着に最も重要な過程であるプランクトン幼生の分散と着生についての既往知見をまとめ（3節と1コラム），第3章「付着の仕組みと付着防除技術」ではさらに，付着現象の物理・化学的仕組みに着目した既往研究の成果とそれらを用いた付着防除技術を紹介する（5節と1コラム）. 第4章「付着生物と人為的影響・環境変動」では，東日本大震災を含む環境変動や人間活動が付着生物の分布や生態に及ぼす影響について紹介する（4節）. 最後に第5章「付着生物の利用」では，食料としての付着生物の研究や利用の現状を

紹介し，さらには観賞用や生物教材，楽器としてなど，付着生物の多様な利用の可能性についても触れている（3節と3コラム）．

この本には，日本付着生物学会の50年間の活動の成果が集約されており，この本を読めば付着生物のすべてがわかる，と言っても過言ではない．多くの皆様にこの本を読んでいただき，付着生物の魅力や重要性，可能性を知っていただければ幸いである．

各章・コラムの執筆をご快諾いただいた執筆者の先生方に厚く御礼申し上げる．

2024年9月

河 村 知 彦

（2017年1月〜2023年12月まで日本付着生物学会会長）

■ 編 集 委 員

頼 末 武 史　　兵庫県立大学 自然・環境科学研究所
　　　　　　　兵庫県立人と自然の博物館

室 﨑 喬 之　　旭川医科大学 一般教育（化学）

渡 部 裕 美　　国立研究開発法人海洋研究開発機構 超先鋭研究開発部門

■ 執 筆 者 （五十音順）

市 川 隼 平　　名古屋港水族館（公益財団法人名古屋みなと振興財団）

井 上 智 子　　海遊館

植 田 育 男　　神奈川大学 理学部

大 村 卓 朗　　東京海洋大学 海洋環境科学部門

沖 野 龍 文　　北海道大学 大学院地球環境科学研究院

神 谷 享 子　　株式会社セシルリサーチ

河 村 知 彦　　東京大学 大気海洋研究所

喜 瀬 浩 輝　　国立研究開発法人産業技術総合研究所 地質調査総合センター

金　　禧 珍　　長崎大学大学院 総合生産科学研究科

小 林 元 康　　工学院大学 先進工学部

サトイト グレン　　長崎大学大学院 総合生産科学研究科

自 見 直 人　　名古屋大学 附属臨海実験所

鶴 見 浩一郎　　八戸学院大学 地域経営学部

永 瀬 靖 久　　日本ペイントマリン株式会社

野 方 靖 行　　一般財団法人電力中央研究所

林　　義 雄　　株式会社セシルリサーチ

広 瀬 雅 人　　北里大学 海洋生命科学部

藤 井 琢 磨　日本大学 生物資源科学部

藤 井 豊 展　東北大学 大学院農学研究科

伏 見 香 蓮　一般社団法人 BLUE CARBON SOUND

穂 積　　篤　国立研究開発法人産業技術総合研究所 極限機能材料研究部門

眞 山 博 幸　旭川医科大学 一般教育（化学）

水 野 健一郎　広島県立総合技術研究所 水産海洋技術センター

三 宅 裕 志　北里大学 海洋生命科学部

室 﨑 喬 之　旭川医科大学 一般教育（化学）

柳 川 敏 治　中国電力株式会社

頼 末 武 史　兵庫県立大学 自然・環境科学研究所
　　　　　　兵庫県立人と自然の博物館

ライマー ジェイムズ デイビス　琉球大学 理学部

和 田 茂 樹　筑波大学 下田臨海実験センター（現　広島大学 生物生産学部）

渡 部 裕 美　国立研究開発法人海洋研究開発機構 超先鋭研究開発部門

目　　次

第1章　付着生物の多様性

1.1　付着生物の基礎 ……………………………………… 野方靖行 …… *1*

1.2　付着生物の多様性 …………………………………… 広瀬雅人 …… *9*

1.3　付着生物の働き ……………………………………… 自見直人 …… *20*

Column 1　スナギンチャク目の多様性と共生

………… ライマー ジェイムズ デイビス・藤井琢磨・喜瀬浩輝 …… *27*

第2章　付着生物の幼生生態

2.1　分散機構－プランクトン幼生分散と連結性－ ………… 渡部裕美 …… *31*

2.2　フジツボ類の着生誘起フェロモン ……………………… 頼末武史 …… *38*

2.3　付着生物の着生と光環境 ……………… 金　禧珍・サトイト グレン …… *45*

Column 2　クラゲ類の生活史からみえてくること …………… 三宅裕志 …… *53*

第3章　付着のしくみと付着防除技術

3.1　化学と物理からみた付着のしくみ …………………… 眞山博幸 …… *56*

3.2　フジツボキプリス幼生の付着力とその測定方法 ………… 小林元康 …… *66*

3.3　生物表面の特異な機能を模倣した付着抑制材料の開発

　　　－身の回りから海洋まで－ ………………………… 穂積　篤 …… *71*

3.4　付着阻害物質 ………………………………………… 沖野龍文 …… *79*

3.5　付着生物と船底塗料の働き …………………………… 永瀬靖久 …… *86*

Column 3　生態防汚とバイオミメティクス ………………… 室﨑喬之 …… *94*

第4章　付着生物と人為的影響・環境変動

4.1　バラスト水の管理 ………………………………………… 大村卓朗 …… *97*

4.2　外来付着生物・ミドリイガイの国内分布特性 ………… 植田育男 …… *104*

4.3　環境変動と付着生物 …………………………………… 和田茂樹 …… *112*

4.4　東日本大震災と付着生物 ……………………………… 藤井豊展 …… *119*

第5章　付着生物の利用

5.1　カキ養殖の歴史と近年の取組み ……………………… 水野健一郎 …… *127*

5.2　カキ幼生の AI 画像検出 ………… 柳川敏治・神谷享子・林　義雄 …… *135*

5.3　フジツボ類の食材利用の現状と養殖への挑戦 ………… 鶴見浩一郎 …… *144*

Column 4　付着生物を見て知ってもらうために
　　　　　　―水族館の展示の工夫と発信― ……………… 市川隼平 …… *152*

Column 5　フジツボ地位向上委員会 …………………………… 井上智子 …… *154*

Column 6　世界初！ フジツボコンサートツアー ……………… 伏見香蓮 …… *156*

おわりに ……………………………… 頼末武史・室﨑喬之・渡部裕美 …… *158*

索　引 ……………………………………………………………………… *161*

第1章
付着生物の多様性

1.1 付着生物の基礎

水中には魚類をはじめとしてさまざまな生物が生息しているが，その中には「付着生物」として扱われる生物たちが存在している．「付着生物」たちは文字通り，付着して生活する生き物ということは容易に想像がつくと考えられるが，一体どのような生物たちなのであろうか？　また，付着生物はどんな一生を送っているのだろうか？

1.1.1 付着生物とは

水中に生息する生物たちは，分類体系ではなく生活様式によって，遊泳生物（ネクトン），底生生物（ベントス），浮遊生物（プランクトン）と類型化される場合

表 1.1　水生生物の生活形態による類型化

名称	特徴	細分・備考
底生生物（ベントス）	底質表面や中に生活し，遊泳する場合でも一時的	表在動物：海底表面に生息（移動性生物・付着生物） 埋在動物：体を底質に埋在して生息 海生生物の約8割はベントスとして生息している
遊泳生物（ネクトン）	水中を自由に移動しながら生活する遊泳能力の高いもの	多くの魚類，オキアミ類，遊泳性エビ類，イカ類，海産ほ乳類など
浮遊生物（プランクトン）	水中を漂いながら生活する遊泳能力の低いもの	植物プランクトン 動物プランクトン（終生・一時） 一時プランクトン（ベントスの幼生や魚の稚魚など）

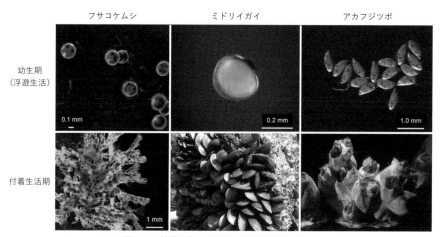

図1.1　付着生物の幼生期と付着生活期の違い

がある（表1.1）．その類型化の一つである底生生物はさらに移動能力により分類され，岩石などに付着する生物のことを「付着生物」と総称する．

表1.1に示した類型化は主に動物を対象としているが，付着生物の範疇には細菌類，菌類，珪藻類，海藻類，および無脊椎動物のほとんどの動物門が含まれており，脊椎動物を除くほとんどの生物群が該当することとなる．当然，表1.1の類型化では便宜的なものであり，明確に区別することは難しい生物群も存在するし，生活史を通じて変化するものも存在する．わかりやすい例としては，多くの魚類では卵から孵化した後の稚仔魚は遊泳力が弱く浮遊生物（プランクトン）として扱われるが，成長に伴い遊泳能力が発達し遊泳生物（ネクトン）として扱われるようになる．同様に，付着生物として生活する無脊椎動物は，卵から孵化した後に，一時プランクトンとして，幼生期を送るものがほとんどである（図1.1）．浮遊生活の期間は数分から数か月と種類によってさまざまであるが，水中を漂うことによって親から離れ，分布を広げていると考えられる．一定期間，浮遊生活を送り，成長した幼生は，海中の好適な基質に付着・変態し，付着生活を始める．

1.1.2　付着生物群集

「付着生物」にはほとんどの分類群が含まれると述べたが，防波堤や岩礁など比較的観察しやすい場所で見かける主な付着生物は何だろうか？　どのように構成されているのだろうか？　防波堤や岩礁などの潮間帯をご存知の方は容易に想像

1.1 付着生物の基礎 *3*

表1.2 外部形態および生育型による付着生物の類型（梶原，1964を参考に生物種の追加と修正）

類型				代表的な付着生物の種類
単独型	石灰質の殻 外包あり	大型種	立体的な群	アカフジツボ，ムラサキイガイ，ミドリイガイなど
			平面的な群	カキ類，キクザル，アコヤガイなど
		小型種	立体的な群	カサネカンザシなどの管棲ゴカイ類
			平面的な群	小型フジツボ類 （タテジマフジツボ，シロスジフジツボ）
	石灰質の殻 外包なし	大型種		シロボヤ，ユウレイボヤなど
		小型種		イソギンチャク，第2次付着生物
群体型	叢状群体			海藻類，ガヤ類（シロガヤ，ハネガヤなど）， フサコケムシなど
	塊状群体	石灰質の殻 外包あり	板状	チゴケムシなど
			塊状	コブコケムシなど，サンゴ類
		石灰質の殻 外包なし	平面	群体ボヤの仲間
			孤立	ウミトサカなど

できると思われるが，付着生物が同一種で占められていることは稀であり，多くの場合，潮位の差に従い複数種による帯状分布を示す．そのような多数種の付着生物で構成される群集のことを付着生物群集と呼ぶ．これら付着生物群集は恒久的なものではなく，群集の3次元的な成長と衰退をくり返す．立体構造の成長は，新規加入による付着生物相互の被覆により生じ，衰退は新規加入の衰えや生物の死による脱落などで生じるが，詳細は「1.3 付着生物の働き」で解説されている．また，高水温や波浪などの群集外の作用により消滅し，新たな付着生物群集の成長が始まる遷移と呼ばれる現象も生じる．これらの大型付着生物の群集に関して，日本付着生物学会の立ち上げにも多大な貢献をされた故梶原武先生が提案された類型を示す（表1.2）（梶原，1964）．この類型は基本的に人工構造物や付着板に出現する種を示しているが，付着生物が非常に多岐の分類群から構成されていることや同じような形態の中に複数の分類群が含まれていることがわかる．

　また，付着生物の帯状分布については，海水の清浄度，波当たりの強さ，潮位による干出の程度，捕食者の密度などによって付着生物の様相が異なるが，それらについては，論文や成書で記述されているので参照いただきたい．たとえば，東京湾潮間帯の付着生物の出現については堀越・岡本（2007a, b）の報告によると，潮間帯上部からイワフジツボ，シロスジフジツボ，マガキ，タテジマイソギンチャク，タテジマフジツボと続き，潮間帯下部にコウロエンカワヒバリガイと

ムラサキイガイが出現するのが基本的な構成とされている．それらは東京湾の湾奥から湾口部にかけて主要種が変化しており，湾口部にかけてアオサ属の一種やエゾカサネカンザシが潮下帯下部を中心に出現が見られている．加えて，湾口部に向かうにつれ出現種の増加が観察されている．それぞれの種の特徴や生態および分類方法について興味を持たれた方は，是非，成書『新・付着生物研究法 主要な付着生物の種類査定』(2017) や『発電所海水設備の汚損対策ハンドブック』(2014) などを参照していただきたい．

1.1.3 付着生物の一生

生物の個体が発生し，成長後に次の世代をつくり，死ぬまでの生活過程を生活史と呼ぶ．図1.1に，いくつかの付着生物の幼生期と付着生活期の写真を示したが，細菌類，菌類，付着珪藻などの微生物を除く生活史として，分散するための一定期間の浮遊期間を持つのも付着生物の特徴の一つである（⇒第2章）．たとえば，フジツボ類の場合，図1.2に示すように，孵化したノープリウス幼生は植物プランクトンを餌としながら6回の脱皮を行い，キプリス幼生へと変態する．キプリス幼生は付着に特化した幼生であり，好適な基盤を見つけたら付着し変態することで，稚フジツボ（幼稚体）となる．フジツボは動植物プランクトンを捕食しながら成体に成長する．成長過程は水温や餌環境にもよるが，数週間〜数か月後には繁殖可能な個体になる．付着生物の寿命については種によりさまざまであり，1年以内に繁殖を終え世代交代を行うものもいれば，数年〜数十年の期間付

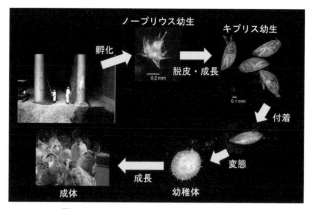

図1.2 アカフジツボの生活史（口絵1参照）

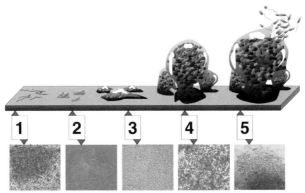

図 1.3 生物被膜の成長ステージ（Monroe, 2007）
1：有機物分子などの表面への吸着，2：細菌の付着と脱離，3：細菌の増殖と細胞外多糖類の分泌，4：粘土鉱物などの堆積，5：その他微生物の加入，生物被膜の形成と脱離．

着生活を営む種も存在する．大型のフジツボ類は比較的寿命が長く，クロフジツボなどの寿命は数十年との報告もある．

一方，付着生物群集を構成する微細な細菌や付着珪藻類などは，スライムや生物被膜とも呼ばれ，大型付着生物とは少々形成過程が異なっている．物体表面に海水が接すると，表面には海水中のイオンや有機分子が吸着し，数時間〜１日程度でコンディショニングフィルムと呼ばれる被膜が形成される．そこに水中に浮遊している細菌などが付着と脱離をくり返す．その過程において付着した微生物が増殖し，細胞外多糖物質を分泌して数日程度で細菌，菌類，珪藻類などが集合した生物被膜が形成される．この生物被膜中には粘土成分など鉱物粒子も取り込まれて目に見える程度のスライム状の膜が生じることとなる（図 1.3）．成長した生物被膜は，流水などにより生じる剪断力によって脱離が発生するため，成長と剥離をくり返すこととなる．また，大型付着生物は生物被膜の存在により付着が誘導されたり忌避されたりすると考えられている（火力原子力発電技術協会, 2014）．

1.1.4 人間活動との関わり

付着生物は，沿岸域では藻場やカキ礁などの立体的な群集を構成することにより沿岸生態系の中で重要な一群である．これらは遊泳生物や底生生物の隠れ家や棲み処を提供しているだけでなく，餌生物としても大きな役割を果たしている

(⇒1.3節).人間活動においても,コンブやワカメといった海藻類,カキやイガイなどの付着性二枚貝,カメノテやミネフジツボなどの甲殻類,マボヤなどは食用として重要な位置を占めており,養殖も盛んに行われている(⇒第5章).

また,付着生活を始めるとほとんど移動することがないため,生息環境の状態を知る上での指標生物とも考えられる.これまでにも Mussel Watch という,沿岸地域の汚染レベルを監視するためのプログラムが海外を中心として実施されている(Goldberg, 1986).Mussel Watch は文字通りイガイ類やカキなどの二枚貝を対象に,サンプリングした二枚貝を定期的・長期的に分析することで,主に重金属やポリ塩化ビフェニル(PCB)などの有害物質の汚染レベルの空間分布と時間的傾向を明らかにするために実施されている.日本においても,継続的にデータが収集されている(田中・隠塚,2010).付着生物の分布は,水温,塩分,溶存酸素などの環境要因で変動する.また,外来競合種の新たな侵入による生息場所の喪失なども,在来種の生息状況に影響する.そのため,海の変化,特に海水温上昇や貧酸素水塊の形成および海水中の懸濁物の状況もその分布から類推することができると考えられる.

一方,産業上の観点から汚損生物として扱われる場合も多い.汚損生物とは,発電所取水系統,船底,漁具などの人工構造物に付着し,効率低下や不具合を引き起こす生物のことを指す.フジツボ類,イガイ類,海藻などの立体構造が大きい付着生物が船底などに大量に付着すると,重量や流体抵抗の増加を引き起こし,燃費の悪化を引き起こす(図1.4).同様に冷却水として海水を利用している火力・原子力発電所の水路内に付着生物が大量に付着すると,熱交換率の低下などによる発電効率の悪化を引き起こすとともに,管・除塵機の閉塞や腐食による細管漏洩などのトラブルの原因となる(図1.5).漁業に関しては,付着生物により

図 1.4 船舶の付着状況の一例
左:船底の汚損状況,右:スラスター内部に付着したフジツボ類.

1.1 付着生物の基礎

図 1.5 発電所冷却水系統の付着状況
左:取水路を埋め尽くすムラサキイガイ群集,右:冷却細管に付着したアカフジツボ.

ブイの沈降,ロープの抵抗・重量増加,網の閉塞(図 1.6)などが見られる.そのため,防汚塗料に代表される各種防汚対策が考案されているものの,完全に付着を防ぐような方策は確立されていないのが現状である.そのため,付着生物の防止や除去に多額の費用がかかっており,第3章で述べられているように,環境負荷の少ない防汚対策が世界各国において研究されている.

図 1.6 養殖用生け簀網の付着状況

防波堤などでよく見かけることのできるムラサキイガイ,コウロエンカワヒバリガイ,ミドリイガイなどは実際には外来種であり,我が国の人工構造物には外

表 1.3 近年報告されている外来付着生物

種	侵入時期	現在の分布	主な文献
コウロエンカワヒバリガイ	1972 年,岡山で報告	関東・中部以西の沿岸	木村 (2001)
ミドリイガイ	1987 年に報告 侵入は 1967 年,兵庫とされている	沖縄〜千葉の太平洋側	朝倉 (1992)
ココポーマアカフジツボ	2009 年報告 最古記録は 1978 年とされている	鹿児島〜宮城 日本海側での報告はまだない	山口 (2014)
キタアメリカフジツボ	2000 年あたり	宮城県〜北海道沿岸	Kado (2003) 加戸 (2017)
ナンオウフジツボ	2012 年以前	富山県〜北海道,三陸沿岸	野方ら (2015) 加戸 (2017)
ヨーロッパザラボヤ	2008 年あたり	噴火湾,陸奥湾,三陸沿岸	金森ら (2012)

来付着生物が生物量として多くを占めている．また，2000年以降も継続的に日本沿岸への侵入が報告されており，第4章に詳細に解説されているが，在来の付着生物群との競合に打ち勝ち，卓越して生息している海域もある（表1.3）．

たとえば，ヨーロッパザラボヤなどは，函館周辺に侵入が確認されたのち，分布を拡大しながらホタテ養殖のホタテやロープに付着し甚大な被害を及ぼしている．ナンオウフジツボについても，震災以降の調査で分布域が急速に広がっていることが報告されている（加戸，2017）．また，第4章で詳細が解説されているが，今後の海水温の上昇やそのほかの環境変化に伴う分布拡大などによっては，生物群集相に大きく影響する可能性もあるため，注意が必要と考えられる．

〔野方靖行〕

文　献

朝倉彰（1992）．東京湾の帰化動物．千葉中央博自然誌研究報告，2（1），1-14.

Goldberg, E. D. (1986). The mussel watch concept. Environ. Monit. Assess., 7 (1), 91-103.

堀越彩香・岡本研（2007）．東京湾海岸部における潮間帯付着生物群集の現状．Sessile organisms, 24 (1), 9-19.

堀越彩香・岡本研（2007）．東京湾における灯浮標上の付着生物群集の現状．Sessile Organisms, 24 (1), 21-32.

Kado, R. (2003). Invasion of Japanese shores by the NE Pacific barnacle *Balanus glandula* and its ecological and biogeographical impact. Mar. Ecol. Prog. Ser., 249, 199-206.

加戸隆介（2017）．北日本に侵入・定着した新しい移入フジツボ2種の特徴と分布拡大．マリンエンジニアリング，52 (1), 3-8.

梶原武（1964）．海産汚損付着生物の生態学的研究．長崎大学水産学部研究報告，16, 1-138.

金森誠・馬場勝寿・近田靖子・五嶋聖治（2014）．北海道における外来種ヨーロッパザラボヤ *Ascidiella aspersa* (Müller, 1776) の分布状況．日本ベントス学会誌，69 (1), 23-31.

火力原子力発電技術協会編（2014）．「発電所海水設備の汚損対策ハンドブック」，恒星社厚生閣，東京，356 pp.

木村妙子（2001）．コウロエンカワヒバリガイはどこから来たのか―その正体と移入経路．「黒装束の侵入者―外来付着性二枚貝の最新学」（日本付着生物学会編），恒星社厚生閣，東京，pp.27-45.

Monroe, D. (2007). Looking for Chinks in the Armor of Bacterial Biofilms. PLoS Biol., 5 (11), e307.

日本付着生物学会編（2017）．「新・付着生物研究法：主要な付着生物の種類査定」，恒星社厚生閣，東京，278 pp.

野方靖行・吉村えり奈・佐藤加奈・加戸隆介・岡野桂樹（2015）．新規外来フジツボ *Perforatus perforatus* の日本への侵入確認およびリアルタイム PCR 法を用いた検出方法について．Sessile Organisms, 32 (1), 1-6.

田中博之・隠塚俊満 (2010). 二枚貝を指標とした日本沿岸における多環芳香族化合物汚染のバックグラウンド. 環境化学, 20 (2), 137-148.

山口寿之 (2014). 外来種ココポーマアカフジツボの国内分布. Sessile Organisms, 31 (2), 15-23.

1.2 付着生物の多様性

　付着生物は，その名のとおり「もの」に「付着」して生活する．それだけを聞くと，あまり形や生活様式の多様性は高くないように想像されるかもしれない．しかし，特に海の中においては，生活史の中でそのように「くっつく生活」を営む生物は多数存在する．また，完全に移動できない固着生活だけでなく，移動性を残した付着生活についても含めると，その数は膨大である．本節では，そのような付着生物の分類・形態・生活様式の多様性を紹介することで，くっつく生活が生物の中でどのように多様化してきたのかを見ていく．

1.2.1 さまざまなくっつく生き物

　まずは付着生物の種の多様性を紹介する．付着という生活様式はありとあらゆる分類群にみられるものである．そもそも，地球上に最初に誕生した生物は化学合成細菌やシアノバクテリアといった原核生物であるとされるが，これらは元来それらの生育にとって適した環境に留まり生育していたものである．つまり，地球上に最初に誕生した生物は付着生物であったと捉えることができる．また，現在の分類体系に照らし合わせてみると，単細胞/多細胞の別を問わず，真核生物の大部分で付着性のものがみられる．たとえば以前はクロミスタ界とされたスーパーグループ[*1]でいうところの SAR（ストラメノパイル Stramenopiles，アルベオラータ Alveolata，リザリア Rhizaria）一つをとってみても，ストラメノパイルに属す珪藻類や褐藻類は付着性のものが有名で水産分野でも幅広く活用されているし，アルベオラータに属す繊毛虫類ではツリガネムシのような付着性のものも数多く知られる（図2.1）．さらに，リザリアに属す有孔虫類の中にも，土産物の「星の砂」で知られるホシズナのように生時は付着生活を送っているものも多く，これらスーパーグループの中でも多様な分類群に付着生物はみられることがわかる．

[*1] 真核生物の分類体系を分子遺伝学的情報と整合性がとれるように従来の「界」を用いずに整理した際の高次分類群．「界」とほぼ同義で使用されることもある．

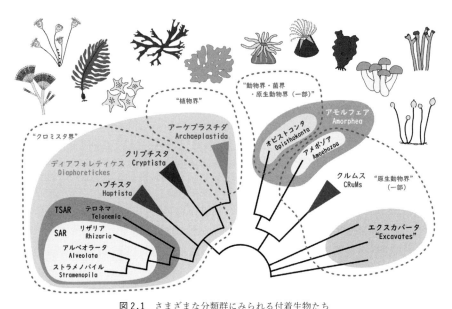

図2.1 さまざまな分類群にみられる付着生物たち
いくつかのスーパーグループを含む分類群名を省略した．スーパーグループ名と樹形は Burki et al., 2020 から改変．

　また，いわゆる植物界とされたアーケプラスチダにおいては，紅藻類や緑藻類といった水中に生息するものは大部分が付着性であるし，従来の原生動物界の一部で構成されるアメボゾアにも細胞性粘菌のタマホコリカビ類のように付着生活を送るものが多数知られている．さらに従来の動物界や菌界が属すオピストコンタについても，菌類はそのほとんどが付着性（固着性）であるし，動物の中にも後述するとおり付着性のものは非常に多い．いわゆる多細胞動物である後生動物[*2]についてみると，私たちヒトを含む脊椎動物では，コバンザメや岩に張りつく魚類，メスの体表に付着するチョウチンアンコウのオスなど一部の魚類を除いて付着生活を行うものはそれほど多くは知られていない（付着性の卵を産卵するものは沢山いる）ものの，30以上が知られる動物門の中でじつに10以上の動物門に固着性もしくは移動性に乏しい付着生活を行うものが含まれている．さらに，ある程度の移動性を有し基質表面を這い回るようなものも含めると，全体の半数に及ぶ15以上の動物門で付着生活がみられることになる．このように，付着生物は

[*2] 単細胞性の原生動物を除いたすべての多細胞動物．

後生動物においても決してマイナーな存在ではないことがわかる．次項からは，特に海洋に生息する無脊椎動物に着目し，より具体的にその多様性を探っていく．

1.2.2　海に生息する付着性の動物

無脊椎動物とは，その名のとおり脊椎をもたない動物の総称である．ここからは，海洋に生息する付着性の無脊椎動物を紹介していく．そもそも，それらはどのような環境に生息しているのだろうか．まずは身近な海洋環境に生息する付着性の無脊椎動物を通して，付着生物の生息環境と生活様式の多様性を見ていく．

　磯や岸壁：磯の岩の上や防波堤の岸壁には，潮間帯から潮下帯まで，さまざまな付着性の動物が付着している．たとえば硬くザラザラしたものは，フジツボ類やカンザシゴカイ類，カキ類やイガイ類などの二枚貝類，コケムシ類に代表される石灰質の殻をつくる固着性の動物たちである．そのほかにも固着性のものであれば，カイメン類やホヤ類，さらにヒドロ虫類が挙げられる（図2.2）．さらに，イソギンチャク類やカサガイなどの巻貝類も多く付着している．また，温暖なサンゴ礁海域に行けば，造礁性イシサンゴ類が大規模な群集を形成している．

　潮下帯に目を向けると，そこには海藻藻場や海草藻場が広がっている．これらは多くの無脊椎動物や魚類仔稚魚（しちぎょ）の生息場となることが知られているが，付着生物にとっては，これら海藻や海草の葉や根元が付着基質となる．特に多くみられるものは，コケムシ類とヒドロ虫類で，特にコケムシ類は藻体表面を広く被覆することがあり，コンブ類やホンダワラ類の表面を覆い尽くすこともある（図2.2）．

　養殖施設や養殖貝類：沿岸域や内湾域は，海面養殖が盛んな海域でもある．これらの養殖施設やそこで養殖される貝類は定期的に新しいものが導入される．また，貝類養殖においては，それらの設置海域は懸濁物食者である貝類の餌料が豊富な海域でもある．すなわち，これら海面養殖施設や養殖貝類は，付着生物にとって良好な餌料環境に出現した格好の付着基質ということになる．そのため，これら養殖貝類には特に多くの付着生物が付着する．たとえば養殖しているカキ類やホタテガイには，コケムシ類，ホヤ類，フジツボ類，カイメン類，イガイ類，ヒドロ虫類やイソギンチャク類などが多く付着する（図2.2）．

　沿岸の浅海岩礁域から深海の砂泥底：沿岸域の少し深い海底にはさまざまな規模の岩場が存在し，中には「根」と呼ばれる切り立った岩場が豊かな漁場として知られる．これらの岩場には光は届かないため海藻類などは生育していないが，それらの岩肌を彩るものはすべて付着性の無脊椎動物である．ヤギなどの八放サ

第1章 付着生物の多様性

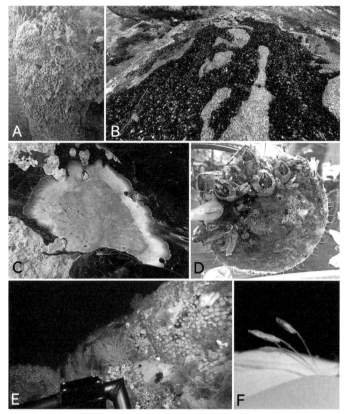

図2.2 さまざまな環境に生息する海の付着性の動物（口絵2参照）
A：岸壁上に付着したカイメン類，B：磯の潮間帯にびっしりと付着したムラサキインコ，C：コンブの表面を覆うコケムシの群体，D：養殖ホタテガイの表面に付着したさまざまな付着性の動物，E：沿岸域の海底の岩肌にみられる付着性の動物がつくる群集，F：グソクムシの体表に付着するコケムシ類．

ンゴの仲間，カイメン類，コケムシ類，ヒドロ虫類など多様な固着性の動物が付着している（図2.2）．

一方，深海底には広大な砂泥底も広がっている．これらの環境は「くっつく」生活を行う付着生物にとっては生息に適さない環境と思われがちだが，そのような環境では動物の体表を付着基質として利用した付着生物が生息している．たとえば巻貝類の殻にはミョウガガイなどのフジツボの仲間やコケムシ類が付着している．また，グソクムシなどの甲殻類の体表に付着するコケムシ類も知られている（図2.2）．そのほかにも，深海に流れ着いた海底ゴミにはヒドロ虫類やコケム

シ類が付着していることがある (Amon et al., 2020).

1.2.3　無脊椎動物にみられる付着生物の多様性

　無脊椎動物は，現在 30 以上の門が知られている後生動物の大部分を占めている（白山，2000；藤田，2010）．現在これらの無脊椎動物は，祖先的なグループとされるいくつかの動物門，伝統的に前口動物[*3]とされてきた分類群の大部分を含む冠輪動物と脱皮動物，および新口動物[*4]の 4 グループに大別される（図 2.3）．ここからは，付着生物がこれらの分類群でどれほど多様なのかを詳しく見ていく．

　長年，これら後生動物の中で最も系統的に古くに分化したものは海綿動物門とされてきた．しかし近年の研究によれば，クシクラゲなどが属す有櫛動物門が最も初期に分化したとする説もあり議論が続いている（Nielsen, 2019; Redmond and McLysaght, 2021）．海綿動物門は襟細胞が集まって個体を形成し，岩などの上に固着する付着生物である．固着性の種は一般的に懸濁物を食す濾過食者であり，その内部には水溝系と呼ばれる水路が張りめぐらされている．一方の有櫛動物門

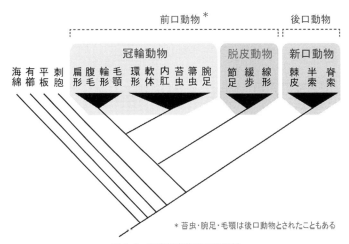

図 2.3　無脊椎動物の系統関係
代表的な動物門名とそれらを含む分類群名を記した．上段には従来の前口・後口動物の別を記す．

[*3]　初期発生において原口が口になる動物．旧口動物とも呼ぶ．卵割はらせん卵割で体腔は裂体腔とされる．
[*4]　初期発生において原口が肛門になる（口にならない）動物．卵割は放射卵割で体腔は腸体腔とされる．

は，クシクラゲなどプランクトン生活を送るものが有名ではあるが，クラゲムシやコトクラゲといった付着生活を送るものも存在する．これらは膠胞と呼ばれる粘着細胞を用いて獲物のプランクトンを捕食する．このように，初期の無脊椎動物には水中を流れてきた獲物を捕らえて食べる付着生物が多くみられる（図2.4）．

続いて，刺胞動物門である．刺胞動物門はその名のとおり刺胞と呼ばれる毒針を用いて水中のプランクトンを捕食する．刺胞動物門では多くの種が付着生活を行い，たとえばサンゴ礁で知られる造礁性のイシサンゴ類は大型の群体を形成して固着生活を行う．ヒドロ虫類もポリプ世代では群体をつくって付着し，養殖業では付着性汚損生物として有名である．このように，刺胞動物門では群体を形成するものが多く，それらの大部分が付着生物として知られる．また，一般的にク

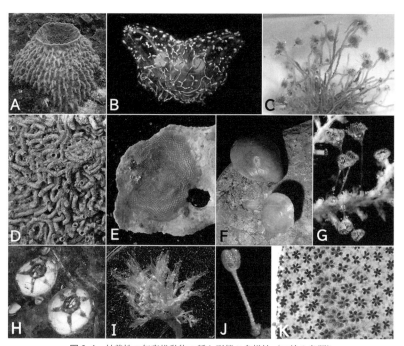

図2.4 付着性の無脊椎動物の種と形態の多様性（口絵3参照）
A：直径50 cmを超えるカイメン類（海綿動物門），B：ソコキリコクラゲムシ（有櫛動物門），C：クダウミヒドラの一種（刺胞動物門），D：岸壁に固着したカンザシゴカイ類（環形動物門），E：貝殻に固着したコケムシ類（苔虫動物門），F：貝殻に付着したクロスタテスジチョウチン（腕足動物門），G：ヒドロ虫の群体に固着したスズコケムシの仲間（内肛動物門），H：ウミガメの甲羅に付着したカメフジツボ（節足動物門），I：フサカツギの群体（半索動物門），J：ウミシダ類のペンタクリノイド幼生（棘皮動物門），K：群体性のイタボヤ類（脊索動物門）．

ラゲとして知られる鉢虫綱もポリプ世代では付着するほか，イソギンチャク類は固着こそしないものの，多様な基質に足盤を用いて付着する．

これらに続く付着生物の代表的動物門の多くは冠輪動物に含まれる．特に担輪動物や触手冠動物と呼ばれたグループについては，幼生の運動や成体の摂餌において繊毛を用いる動物門たちであり，そのほとんどの門で付着生活を行うものが知られている．冠輪動物の中を詳しく見ていくと，ゴカイの仲間である環形動物門では，古くから移動性を有した遊在類と移動性をもたない定在類とに区別されており，このうち定在類に付着生活を行うものが多く知られている．その多くは棲管を形成し，中でもカンザシゴカイ科は石灰質の棲管を形成することから海中の基質上で頻繁に目にする．軟体動物門においては二枚貝綱に固着性のものが多く知られており，岸壁や養殖施設上で多くみられるカキ類やイガイ類がその代表格である．これらは貝殻そのもので固着するものもいれば，イガイ類のように足糸を用いて基質に付着するものも存在する．一方，巻貝類やカサガイ類に代表される腹足綱やヒザラガイ類に代表される多板綱などは，移動性を有した付着生活を行う．また，単板綱は深海の沈木に付着することが知られている．これらはみな筋肉質の足で基質に付着している．腕足動物門では嘴殻亜門（有関節類）が肉茎で岩や貝殻などの基質に固着し，舌殻亜門に属すスズメガイダマシ科と頭殻亜門に属すイカリチョウチン類（ともに無関節類）では，前者が肉茎，後者が腹殻で岩や貝殻に固着する．苔虫動物門では，海産種の大部分を占める裸喉綱唇口目や狭喉綱では石灰質の虫室を形成しさまざまな基質に固着する．一方，裸喉綱櫛口目や淡水産種の被喉綱ではキチン質の虫室で基質に固着する．付着基質は多岐にわたり，岩や貝殻などの硬い基質から，海藻類，さらには節足動物の体表など種によっても大きく異なる．このほかにも，内肛動物門など多くの動物門で付着性のものがみられる（図 2.4）．

脱皮動物において付着生物として知られる代表格は，節足動物門のフジツボ類である．これらフジツボの仲間は岩などの基質表面だけでなく，ウミガメやクジラなど他の生物の体表にも付着するものが知られている（図 2.4）．フジツボ類は特に古くから付着生物として認識されており，船底などの付着性汚損生物の代表格にもなっている（日本付着生物学会，2006）．一方，フジツボ類以外の脱皮動物で付着生活を行うものは（寄生性のものを除いては）あまり知られていない．これは，成長に際して外骨格を脱ぎ捨てる脱皮動物の特性が関係していると考えられる．

最後に新口動物について見ていくと，3動物門すべてにおいて付着生活を行うものが知られている．棘皮動物門では，ウミユリ綱のウミシダのペンタクリノイド幼生は茎を有して水中の基質に固着する．半索動物門では，主に群体性のフサカツギ綱がキチン質の棲管をつくって付着生活を行う．脊索動物門では，さまざまな単体性および群体性のホヤがセルロースを含んだ被嚢を形成し，基質に固着する（図2.4）．

このように，無脊椎動物における付着生物の多様性を見ていくと，後生動物の大部分に付着生活を行うものが存在することがわかる．なお，本節では寄生性の種の付着については特段触れてこなかったが，かぎ状の吻を宿主に突き刺したり吸盤を使って吸いつくなど，寄生性の無脊椎動物についても宿主の体内外に付着していると捉えることができる．さらに，石などの上を這って移動する動物についてもここでは詳しく紹介してこなかったが，たとえば平板動物門やヒラムシなどに代表される扁形動物門，イタチムシなどの腹毛動物門，ワムシなどの輪形動物門，さらに毛顎動物門のイソヤムシのように，基質に貼りついたりしがみついて行動するものもみられる．また，棘皮動物門のヒトデやウニ，ナマコに関しては，活発に移動するため一般的に付着生物として扱われることはほとんどないものの，先端が吸盤状になった管足を用いて基質に付着している．これらもある種の付着生活として捉えると，水中に生息するほとんどの動物が付着生活を行うことになる．このように，「付着」という生活様式は後生動物においても普遍的な生活様式であるといえる．

1.2.4 付着生物としての無脊椎動物の多様な生存戦略

ここまで紹介してきたように，多様な分類群にわたって存在する付着性の無脊椎動物であるが，それらはなにも一生を通じて付着しているわけではない．成体が固着生活を行うものであっても，その幼生は遊泳を行うことが知られている．くっつく生物の移動というと矛盾を感じるかもしれないが，付着生物も分散しなければ，種として著しい環境の変化に脆弱である．そのため，これら付着生物も他の分類群と同様に配偶子や幼生期などの若齢世代ではプランクトン生活を行うものが多く知られている（⇨1.1節）．また，付着生物の分散は幼生や配偶子そのものによるものだけではない．海底火山の噴火で発生した軽石や漂流ゴミに付着することで分散を拡大することも知られている．近年では，小笠原の福徳岡ノ場の大噴火で大量に発生した軽石による分散や，東日本大震災の津波による漂流ゴ

ミへと付着した付着生物の越境分散が報告されている（Hirose and Kaneko, 2023; Carlton et al., 2017）．このように，付着生物はただくっついているだけではなく，着実に分散も行っているのである．

しかし一度付着してしまった後では，付着生物は移動することが困難である．したがって，付着後の災難に対しては「逃げる」という手段が通用しない．ここからは，そのような付着性の無脊椎動物たちの多様な防御機構についていくつか紹介する．

これら付着生活を行う無脊椎動物の多くは，その生活様式のため逃げる術ももたないものが多い．そのため，捕食者にとっては格好の獲物であると言える．言わば"俎板の鯉"状態であり，捕食者にとっては煮るなり焼くなり好きにできる皿の上の食料である．しかし，付着生物も本当に前述の"鯉"のように無抵抗で覚悟を決めるわけではなく，密かに抵抗を続けている．特に移動能力を有しない固着性の動物は，自身を守る特殊な術を習得しているものが多い．たとえば，海綿動物はガラス質の骨片を骨格として有することに加えて，さまざまな生物活性物質を有しており，それらが防御に関わっているとされる（Thoms and Schupp, 2007）．これらの物質はその特性から，抗がん剤などとして利用されることもある（Calcabrini et al., 2017）．また，群体性の動物ではそれぞれ防御に特化した個虫が分化するものが多く知られている．たとえばヒドロ虫綱の刺胞動物門では，らせん状個虫や触手状個虫などの特殊なポリプを用いて防御するものが存在する（⇨Column 2）．また，刺胞を有しない苔虫動物門では，鳥頭体や振鞭体などの防御・清掃に特化した異形個虫の分化が知られている（図2.5）．さらに群体性のホヤにおいては，群体周縁にアンプラと呼ばれる血管末端を形成し，非自己群体や

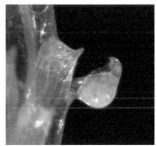

図2.5　コケムシ類にみられる競争と防御機構
外敵からの防御に用いられる鳥頭体（左）と群体ボヤとの競争で押し合う被覆性の群体（右）．

外敵を攻撃することが知られている．このように，付着生活を送る無脊椎動物は，外敵からの防御方法に着目してもその方法は多岐にわたる．

付着性の動物において，これらの防御機構は，自身の防御のみならず付着基質上の場所をめぐる競争にも用いられることがある．付着生物はその生活様式から，付着する基質上の場所をめぐって競争を行う．新たに水中に出現した基質は，藻類や繊毛虫類を含むあらゆる生物の付着基質となり得ることから，その表面への付着場所をめぐる競争はさながら"椅子取りゲーム"の様相となる．このような場所をめぐる競争においても前述の防御器官は競争相手への攻撃手法として用いられる．また，特に群体性の動物においては，被覆性のコケムシ群体のように，短時間に出芽をくり返すことで群体を急速に成長させて競争相手を覆いつくすなどの手法を取るものもいる（図2.5）．このように，付着生物は一見すると動きがないように見えるが，分散や防御機構の面においても多様な生物である．

1.2.5　付着生物の多様性はどのように生み出された？

ここまで紹介してきたように，付着生物は生物全体の中でも決してマイナーな一群ではなく，むしろ地球上の生物の大部分が何かしらの付着生物世代を有しているともいえる．それでは，なぜこのような付着生活が多くの生物にみられるのだろうか？

地球上の生物は海で誕生したと考えられている．当時の生物はストロマトライトを形成するシアノバクテリアのように，生育に適した環境にとどまるものだったと考えられる．また，単細胞の生物にとっては，そのものが移動力を有すためには遊泳に用いる複雑な器官の分化が必要であるため，当時の生物は能動的な移動能力はほとんど持ち合わせていなかったと考えられる．その結果として，適した環境の基質に付着して生活するものから生物の進化は始まったと考えられる．やがて，地球上での酸素の増加などにより，真核生物の誕生や生物の多細胞化が起こる．このとき，生物の多細胞化には従来二つの説が存在した（藤田，2010）．一方は放射相称[*5]で群体性の単細胞生物（渦鞭毛虫類）が左右相称[*6]となり移動力を獲得したとするヘッケルによる群体渦鞭毛虫仮説（ガストレア起源説），他方は左右相称で移動力を有した単細胞繊毛虫類が多核体を経て多細胞化が生じたとするハッジによる多核体繊毛虫仮説である．現在では群体渦鞭毛虫仮説が有力と

＊5　体の対称面が二つ以上のものを指す．
＊6　体の対称面が一つのものを指す．

されるが，いずれの説においても移動性の獲得は多細胞動物の進化において重要な意味をもっている．生物における付着生活の多様性を考える上では，これら移動性との関係についても考える必要がある．

　生物にとって移動することは，外敵との遭遇や不適な環境へと迷い込むリスクをはらんでいる．むしろ今いる場所が生命活動のすべてにおいて最適な環境であるならば，わざわざリスクを冒し限られたリソースを消費して移動力を獲得する必要はないのかもしれない．一方で，生息環境が不適切であった場合には，生育に適した環境へと移動する必要がある．このように，生物における付着生活と移動性の獲得は，それぞれその生物の生残に有利とも不利とも働く側面をもっている．これらのいわゆる"いいとこどり"をした状態の生物が，今日の海洋で多くみられる無脊椎動物や大型藻類である．これらは配偶子や幼生といった発生初期の段階では移動性を有して分散し，成体となる際に付着生活へと転じることで，これらの問題が解決されている．

1.2.6　付着生物の多様性に学ぶ

　ここまで述べてきたように，生物において付着生活とは進化的にも生態的にも重要な意味をもってきたことがわかる．一見するとマイナーな付着生物ではあるが，実際にはそれらは地球上の生物，特に海洋生物の多様性を論じる上でも欠かすことができないものたちである．もしかすると，地球外生命体が存在したならば，それらも付着生物であるかもしれない．ここまで紹介してきた付着生物の多様性から，我々はどのような情報を得ることができるだろうか？　それについては，以降の章や節で詳しく述べられるが，ここではその概要を述べておきたい．

　付着生物の最大の特徴の一つは「付着する」ことである．これら付着生物の多様な付着メカニズムを探ることで，新たな付着物質や付着機構の発見・開発につなげることができる．このように，付着生物を対象とした研究は，これまで述べてきた生態学や生物の進化といった生物学分野にとどまらず，材料工学などの応用研究との直接的なつながりに発展することが期待される．また，人類は紀元前の古代ギリシャ時代から付着生物による汚損被害と戦ってきた．その戦いの中で培われてきた防除技術や知見もまた，これら付着生物の多様性を知ることから得られた成果にほかならない．さらに近年では，サンゴ礁や藻場にとどまらず，多様な付着生物がつくり出す構造や群集の生態学的な役割についても注目されつつある．付着生物がつくる群集の構造は，それらを構成する生物の形態や生活史と

密接に関わっていることから，防除のみならず環境保全の観点からも，これら多様な付着生物の生物学を知ることが重要なのである．このように，付着生物は古くから知られる身近な存在でありながら，常に新たな知見を提供し続ける多様性に満ちた存在なのである．

〔広瀬雅人〕

文　献

Amon, D. J., B. R. C. Kennedy, K. Cantwell, K. Suhre, D. Glickson, T. M. Shank and R. D. Rotjan (2020). Deep-Sea Debris in the Central and Western Pacific Ocean. Front. Mar. Sci., 7, 369.

Burki, F., A. J. Roger, M. W. Brown and A. G. B. Simpson (2020). The New Tree of Eukaryotes. Trends Ecol. Evol., 35 (1), 43-55.

Calcabrini, C., E. Catanzaro, A. Bishayee, E. Turrini and C. Fimognari (2017). Marine Sponge Natural Products with Anticancer Potential: An Updated Review. Mar. Drugs, 15 (10), 310.

Carlton, J. T., J. W. Chapman, J. B. Geller, J. A. Miller, D. A. Carlton, M. I. McCuller, N. C. Treneman, B. P. Steves and G. M. Ruiz (2017). Tsunami-driven rafting: Transoceanic species dispersal and implications for marine biogeography. Science, 357 (6358), 1402-1406.

藤田敏彦 (2010).「新・生命科学シリーズ　動物の系統分類と進化」，裳華房，東京，194 pp.

Hirose, M. and S. Kaneko (2023). Bryozoan dispersal using pumice rafting generated by the submarine eruption in the Ogasawara, Japan. In: M. M. Key, Jr., J. S. Porter and P. N. Wyse Jackson (eds). Bryozoan Studies 2022. CRC Press/Balkema, Boca Raton/Abingdon, pp.41-46.

Nielsen, C. (2019). Early animal evolution: a mophologist's view. R. Soc. Open Sci., 6, 190638.

日本付着生物学会 (2006).「フジツボ類の最新学―知られざる固着性甲殻類と人とのかかわり」，恒星社厚生閣，東京，396 pp.

Redmond, A. K. and A. McLysaght (2021). Evidence for sponges as sister to all other animals from partitioned phylogenomics with mixture models and recoding. Nat. Commun., 12, 1783.

白山義久 (2000).「バイオディバーシティ・シリーズ 5 無脊椎動物の多様性と系統」，裳華房，東京，324 pp.

Thoms, C. and P. J. Schupp (2007). Chemical defense strategies in sponges: a review. In: Custódio, M. R., Lôbo-Hajdu, G., Hajdu, E. and Muricy, G. (eds). Porifera research biodiversity, innovation and sustainabitily. Rio de Janeiro Museum Nacional, Rio de Janeiro, pp.627-637.

1.3　付着生物の働き

　付着生物は何かに付着して自身が生きるのみでなく，ときにはその体自体が他の生物の住処となることもある．付着生物がいるといないで海中の水深が変わってしまうこともある．そんな付着生物の生物多様性や地球環境，人間社会への働きを紹介する．

1.3.1 みんなのマンション付着生物

生物が暮らす場所はさまざまだが，外敵から身を守りやすかったり，そこに集まってくる生物を捕食することができたり，と多くのメリットがあることから構造物の周辺に生物が集まることがよく観察される．身近な例でいえばサンゴ礁（図3.1A）や魚礁である．サンゴ礁には魚はもちろん，サンゴに共生するフジツボやゴカイの仲間が生息し，サンゴの隙間にはクモヒトデやカニ，と多くの種の生物がそれぞれサンゴを利用している．隠れることができる構造物が一つあると多種多様な生物が寄ってくるのである．

サンゴは付着生物であるが，サンゴといってもさまざまなものがある．サンゴ

図3.1 生物多様性に影響する付着生物たち（口絵4参照）
A：サンゴ礁，B：群生するウミトサカ，C：干潟に存在するカキ礁，D：フジツボの隙間に生息するオニイソメ，E：磯を覆い尽くすケヤリムシ，海藻の下の茶色い部分はすべてケヤリムシ類で構成されている，F：ケヤリムシを剥いだ様子，絡み合った巣の隙間に砂や生物が溜まっている．

礁と聞いて皆さんの頭の中に浮かぶのはイシサンゴ類であろうが（図3.1A），これは低緯度地域の種が多い．地域によってはイシサンゴ類よりも八放サンゴ類が優占するところもあり（Lasker et al., 2020），こちらも群生し他生物の住処となることがある（図3.1B）．

サンゴ以外にも多くの付着生物が構造物をつくることが知られている．たとえば世界の多くの国で食べられているカキは，カキにカキがくっついて集合体のようになることがある．このようにしてできたカキ礁は海岸の護岸域や干潟において広い範囲で観察されるが，砂浜や干潟といった隠れ場所のない空間においても複雑で立体的な構造物を提供し他生物が多く生息している（Bartol et al., 1999）．干潟は基本的に砂に潜る生物や砂の上を這う生物がよく見られるが，このカキ礁の隙間を覗いてみると磯にいるような魚や無脊椎動物たちが生息しているのを観察することができるだろう（図3.1C）．フジツボの仲間は磯遊びをしている際に群生しているのをみたことがあるかと思うが，この隙間にも多くの生物が住んでいる（図3.1D）．フジツボ類も上記のカキと同様に磯のみではなく砂泥地に群生することがあり，周辺環境とは異なる生物多様性を創出することもある（Yakovis et al., 2005）．

ゴカイの仲間は船舶の汚損生物としても有名ではあるが，通常の生態系においても礁をつくる．カンザシゴカイ類・ケヤリムシ類・カンムリゴカイ類は棲管と呼ばれる石灰質や砂や泥の管をつくることで知られており，これが積み重なってゴカイ礁を形成する．カンザシゴカイ類は潮間帯に帯状分布し，その範囲は非常に広範にわたる．岩礁域における生物量がカンザシゴカイ礁の有無によって大きく左右されることが知られている（Chapman et al., 2011）．また潮下帯において群生し大きな礁をつくる種もいる．ケヤリムシ類は多くの種は単体で生活することが多いのだが，特定の属（*Pseudopotamilla* など）は群生し磯を覆い尽くすこともある（図3.1E）．このようなタイプのケヤリムシの巣は複雑に絡み合い，その隙間には砂が溜まり多くの生物が生息する（図3.1F）．カンムリゴカイ類は非常に大きな礁をつくることが知られており，ヨーロッパや東南アジアにおいて生物多様性を構築する重要な種として知られている（Dubois et al., 2002）．

これらの例のほかにも多くの付着生物が礁を形成し，多種多様な生物を内在していることが知られている．これらの生物は生態系エンジニアと呼ばれ，その存在が生物多様性を創出したり減損させたりと大きな影響力を持つ．生態系を保全する際にはこのような種に配慮することが重要である．

1.3.2 構造改変者としての役割

付着生物には礁を形成し多数の生物を内包することで環境の生態系を大きく変え得る種がいることを前述したが，この「礁をつくる」という行為は環境そのものにも影響を与えることが知られている．

発達したカキ礁は海岸線の後退を防ぐ役割があることが知られている．波の勢いを抑え砂が出ていくのを防いでいることから，カキ礁の存在が海岸線の保全につながる．このことから人工的にカキ礁を導入し，海岸線の保全を行おうとする研究も存在する（Piazza et al., 2005）．アルゼンチンにおける研究では，カンザシゴカイ科の *Ficopomatus enigmaticus* によって形成された礁は水流と堆積物の輸送を減少させ，上流側に荒い堆積物が残存することが知られている．この礁によって保持される総堆積物量は 339 トンにも達すると推定されており，海岸全体の水および堆積物の動態を変えると考えられている（Schwindt et al., 2004）．北海における研究では，フサゴカイ科の *Lanice conchilega* がつくる礁が存在するエリアの平均体積率は礁が存在しないエリアよりも最大 14% 高くなり，54% も水深が浅くなることが知られている（Braeckman et al., 2014）．この多毛類の密度が低下すると水深が増加することから，本種の周辺環境に与える影響は非常に大きなものである．

サンゴ礁はイシサンゴ類の死骸によって基盤部が構成されているが，完新世のある地域のサンゴ礁においては主要な構成物がコケムシ類であったことが知られている（Bastos et al., 2018）．コケムシ類が"サンゴ"礁における基盤形成に関わっていたわけである．このように炭酸カルシウムの骨格を持ち群生する付着生物は最終的に地質学的な年代を経て地球環境の構成物として機能するのである．

1.3.3 生態系サービスへの働き

生物多様性がもたらす人間社会への利益は TEEB（The Economics of Ecosystem and Biodiversity）という生態系と生物多様性の経済学によって評価され，国連をはじめとしたステークホルダーによってまとめられ，生態系サービスとして知られている．TEEB の分類に基づくと生態系サービスは「供給サービス」，「調整サービス」，「文化的サービス」，「基盤サービス」に分けられるが，前述した付着生物がつくる礁もこれらに関わっている．

調整サービス：前述したカキ礁は既存の防波堤に代わり低コストかつ環境への影響が少ない形で海岸侵食の管理ができる可能性がある．人工的な導入により，

侵食の抑制がみられている例も知られていることから調整サービスの 11 番（土壌侵食の抑制）がそれにあたる．しかし，前述した *Ficopomatus enigmaticus* の例の場合，発達した礁が水深を浅くし船の航行を制限している（Schwindt et al., 2004）．そのため人工的に付着生物を導入する場合は，プラスの影響だけではなくマイナスの影響についても考える必要があるだろう．

文化的サービス：野鳥観察は日本人も多く行う趣味の一つであるが，世界においても同様に人気のレクリエーションである．鳥類の生息地の保全はその点において重要であるが，付着生物の存在が関わっている例も知られている．たとえばカンザシゴカイ類およびケヤリムシ類によってできた礁が存在するエリアは礁が存在しないエリアと比較し，より多くの個体数および種類の鳥類が存在する事例が知られている（Petersen, 1999; Bruschetti, 2009）．

基盤サービス：海洋環境における一次生産，栄養塩と水の循環，生息地構造の提供などがこれに含まれる．生息地構造の提供はもちろん，濾過食を通した植物プランクトンの減少，水の透明度の増加，栄養塩の循環，沿岸環境における富栄養化の緩和などが付着生物礁によって行われている．このような海洋環境の状況の改変は周辺の生物量・多様性にも影響を与える（Gutiérrez, 2017）．

このように付着生物によって構成される構造物は人間社会にも影響をもたらすのである．その保全および導入には良い影響も悪い影響も存在するが，どちらも理解した上で実施するべきである．今後，生態系サービスという概念は重要性が増していくだろうが，付着生物もこの中で重要な役割を果たしていくだろう．

1.3.4 付着生物のゆりかご「ゴカイの森」

これまで述べてきた付着生物とそれがもたらす影響について，最後に筆者が現在研究している内容を紹介しようと思う．変なゴカイがつくる「ゴカイの森」についてである．

藻場は褐藻類や海草類が岩礁域に群生し，前述したようなサンゴ礁やカキ礁と同様に多くの生物のマンションをつくっている状況である．藻場は水産国家である日本においては重要であり，稚仔魚の生育の場や産卵場になっていたり，水中の環境の改善に寄与していたりすることからモニタリング/保全の対象ともなっている．しかし，藻類/海草類は光合成をする都合上，浅い水深のみに生息しており，日本周辺では大体水深 20 m 以深から藻場は消失する．これより深い場所はどのようになっているのだろうか．

近年筆者は菅島にある名古屋大学の附属臨海実験所に着任したのだが，そこではこれまで生物多様性の調査が行われてきていなかった．そのためまずは潜水調査や漁師さんの刺し網漁の混獲物を分けてもらったりし，周辺環境にどのような生物がいるのかを把握するところから始めることとした．漁師さんの情報を頼りに潜ってみると，カジメで構成される藻場が茂っていた．深いところにいる多毛類を採集したかったの

図 3.2　イソメ科 *Eunice* 属の多毛類によって構成される「ゴカイの森」（口絵 5 参照）
図中に見える樹状のものはすべてゴカイの巣（手前右の紫色のものは海綿）．

で，藻場を抜けて深い方に潜っていくと想定外の光景が広がっていた．そこには見た目はヤギの仲間が死んだような感じの樹状の構造物が一面に群生していたのである（図 3.2）．この樹状の構造物はヤギのように固くはなく，羊皮紙状の弾力はあるが柔らかいものであった．表面には多くの付着生物が張りつき，周辺環境の岩盤の生物多様性とは大きく異なることが一見してわかった．これらの構造物を採集し，中身を見てみると中空のチューブ状になっており，なんとその中からゴカイが出てきたのである．後に漁師さんの協力により岩ごと刺し網にかかって採れたものを見ると，その岩の中までトンネルは続いていた．このことから，この樹状の構造物はゴカイがつくる巣であり，このゴカイは岩と巣を行ったり来たりしていることがわかった．巣の表面についている付着生物種は 100 種以上発見できており，一般的な藻場を構成する海藻につく種数を大きく超えている．1 巣に付着する個体数も 5000 個体を超えることがあり，この巣は生態系エンジニアであることが明白である．巣に生息するゴカイは夜行性であり，夜に出てきて表面の生物を食べているようである．つまり，彼らにとってこの巣は付着生物の養殖場なのだ．ゴカイの巣における付着生物には藻場と共通する種もあり，藻場が減少している現在，その避難所としての役割も考えられる．聞き込み調査の結果，本種は菅島近海だけではなく，佐渡や奄美大島，オーストラリアにも生息していることがわかってきた．このことから非常に広い範囲で岩礁域の藻場がなくなる水深 20 m 以深において，藻場に代わり生態系エンジニアとして役割を果たしているのが「ゴカイの森」なのである．現在さまざまなことがわかってきているが，

ゴカイの森がこれまで研究されてこなかったのは，水深が深く海流が速い場所である岩礁帯に多いため人間が調査することが難しかったことが原因であると思われる．今後研究を進めていき，「ゴカイの森」の海洋における役割を明らかにしていきたい． 〔自見直人〕

文　献

Bartol, I. K., R. Mann, and M. Luckenbach (1999). Growth and mortality of oysters (*Crassostrea virginica*) on constructed intertidal reefs: effects of tidal height and substrate level. J. Exp. Mar. Biol. Ecol., 237, 157-184.

Bastos, A. C., R. L. Moura, F. C. Moraes, L. S. Vieira, J. C. Braga, L. V. Ramalho, G. M. Amado-Filho, U. R. Magdalena and J. M. Webster (2018). Bryozoans are Major Modern Builders of South Atlantic Oddly Shaped Reefs. Sci. Rep., 8, 9638.

Braeckman, U., M. Rabaut, J. Vanaverbeke, S. Degraer and M. Vincx (2014). Protecting the Commons: the use of Subtidal Ecosystem Engineers in Marine Management. Aquat. Conserv., 24, 275-286.

Bruschetti, M., C. Bazterrica, T. Luppi and O. Iribarne (2009). An invasive intertidal reef-forming polychaete affect habitat use and feeding behavior of migratory and locals birds in a SW Atlantic coastal lagoon. J. Exp. Mar. Biol. Ecol., 375, 76-83.

Chapman, N. D., C. G. Moore, D. B. Harries and A. R. Lyndon (2011). The community associated with biogenic reefs formed by the polychaete, *Serpula vermicularis*. J. Mar. Biol. Assoc. UK., 92, 679-685.

Dubois, S., C. Retière and F. Olivier (2002). Biodiversity associated with *Sabellaria alveolata* (Polychaeta: Sabellariidae) reefs: Effects of human disturbances. J. Mar. Biol. Assoc. UK., 82, 817-826.

Gutiérrez, J. L. (2017). Modification of habitat quality by non-native species. In: M. Vilà, P. Hulme (eds) Impact of Biological Invasions on Ecosystem Services. Invading Nature - Springer Series in Invasion Ecology, vol. 12.

Lasker, H. R., L. Bramanti, G. Tsounis and P. J. Edmunds (2020). Adv. Mar. Biol., 87, 361-410.

Petersen, B., K. K. Exo, E. Klaus-Michael, B. Petersenl and K. K. Exo (1999). Predation of waders and gulls on Lanice conchilega tidal flats in the Wadden Sea. Mar. Ecol. Prog. Ser., 178, 229-240.

Piazza, B. P., P. D. Banks and M. K. L. Peyre (2005). The potential for created oyster shell reefs as a sustainable shoreline protection strategy in Louisiana. Restor. Ecol., 13, 499-506.

Schwindt, E., O. O. Iribarne and F. I. Isla (2004). Physical effects of an invading reef-building polychaete on an Argentinean estuarine environment. Estuar. Coast. Shelf Sci., 59, 109-120.

Yakovis, E. L., A. V. Artemieva, M. V. Fokin, A. V. Grishankov and N. N. Shunatava (2005). Patches of barnacles and ascidians in soft bottoms: Associated motile fauna in relation to the surrounding assemblage. J. Exp. Mar. Biol. Ecol., 327, 210-224.

Column 1　スナギンチャク目の多様性と共生

　周囲の環境から"砂"など固形物を体に埋め込む"巾着"状の付着生物，その名も「スナギンチャク」．スナギンチャク目は刺胞動物門花虫綱六放サンゴ亜綱に属し，近縁のイソギンチャク目とは骨格を形成しない点で似る一方，イシサンゴ目などのように群体を形成する種が多い．そのため，英語では「群体性のイソギンチャク類（="colonial anemones"）」とも呼ばれる．スナギンチャク目は 2024 年現在では 2 亜目 9 科 31 属で構成され，350 種以上が記載されてきた．直近の 20 年間でも，たとえばツブスナギンチャク科 Microzoanthidae，カクレスナギンチャク科 Nanozoanthidae，シンカイスナギンチャク科 Abyssoanthidae，など（図 1），高次分類群レベルでの新たな発見が日本近海から相次いでいる．

　スナギンチャク目は花虫綱の中で最も早く分岐した分類群の一つであることが示唆されており，他の海洋生物と共生することでも知られる．その共生能力は海洋無脊椎動物の中でも非常に高く，スナギンチャク類が多様な進化を経た理由の一つと考えられる（Kise et al., 2023）．たとえば，短膜亜目に属する種の多くは褐虫藻（Symbiodiniaceae 科渦鞭毛藻類）を細胞内に共生させることで知られる．一方の長膜亜目 Macrocnemina に属するスナギンチャク類の付着共生の相手は節足動物，棘皮動物，軟体動物，海綿動物，刺胞動物，環形動物，苔虫動物門の 7 動物門に及ぶ．以下，長膜亜目における付着共生の一部を紹介する．

　深海の砂泥底に生息するヤドリスナギンチャク属 *Epizoanthus* には，付着基質と餌を安定して確保し続けるため独自の戦略で他生物と共生する種が多く知られる．たとえばシンカイヤドカリ類と共生するヤドリスナギンチャク類は，想像し得る限り最もユニークな外観を持つ海洋生物の一つである（Kise et al., 2019）．ヤドカリスナギンチャク *E. xenomorphoideus* は成長とともに，付着基質である，ヤドカリが背負う貝殻を溶かしていき，最終的にはシンカイヤドカリ類がヤドリス

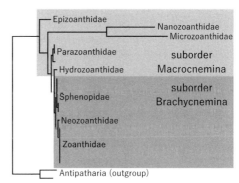

図 1　ミトゲノムに基づくスナギンチャク目の系統樹（Poliseno et al., 2020 に基づく）
シンカイスナギンチャク科は含まれない．

ナギンチャク類を直で背負う形となる（図2）．深海の砂泥底でよく見られる光景の一つとして，海底に硅質の柄を突き刺した海綿動物，ホッスガイ類の群生が挙げられる．東太平洋の深海で行われた研究例では，9 km にわたるトランセクト区内で観察された 20% のホッスガイ類の柄にヤドリスナギンチャクの一種 *E. stellaris* が付着していた（Beaulieu, 2001；図3）．

図2 シンカイヤドカリ類に共生するヤドリスナギンチャク属の一種（口絵6参照）
（撮影者：辛島なつ）

センナリスナギンチャク科 Parazoanthidae にも，海綿動物に共生する種が多く存在する．海綿動物に共生する種は，かつてはすべてセンナリスナギンチャク属 *Parazoanthus* に含められてきたが，近年の分子系統学的研究の結果から海綿動物との共生はスナギンチャク目において独立して複数回起こったと考えられ（Swain, 2010），現在では少なくとも2科8属に分類されている．ベニチュラタマスナギンチャク *Churabana kuroshioae* のように特定の六放海綿類 *Pararete* 属の1種にだけ共生する種や，ミニセンナリスナギンチャクのなかま *Umimayanthus parasiticus* および *U. chanpuru*（図4）のように複数の尋常海綿類と共生する種も存在する．スナギンチャク類との共生によって海綿動物が利益を受けているのかどうかについては解明されておらず，さらなる研究が必要である．

センナリスナギンチャク科には，八放サンゴ類やツノサンゴ類といった花虫類に共生する種群も属する．たとえば，宝石サンゴとして知られるアカサンゴに付着共生する *Corallizoanthus* 属（和名なし）が挙げられる（図5）．上記の海綿動物との共生関係と同様に，相利・片利共生なのか，はたまた寄生なのかについては明らかになっていない．スナギンチャク類は骨格を形成しないが，一部例外もある．ゴールドコーラルとして知られる *Kulamanamana haumeaae* は八放サンゴ類の上に付着し，群体を成長させる過程で硬タンパク質の骨格を分泌する．本種によって分泌された骨格は，名前のとおり黄色または金色をしているため，「宝石」として研磨・加

図3 ホッスガイ類に共生するヤドリスナギンチャク属の一種（撮影者：喜瀬浩輝）

図4 カイメン類に共生する *Umimayanthus chanpuru*（撮影者：ライマー ジェイムズ デイビス）

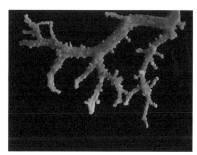

図5 アカサンゴに共生する *Corallizoanthus tsukaharai*（黄色ポリプ）（撮影者：戸篠 祥）

工されている．

近年，日本周辺海域から見つかった共生系の一つとしてシンカイスナギンチャク科 Abyssoanthidae—ウミユリ類の共生が挙げられる．この共生関係を示す証拠は，古生代の化石からは発見されていたが現生での報告例はなかった．そのため，生きたシンカイスナギンチャク類の群体が生きたウ

図6 ヒドロ虫類に共生する *Hydrozoanthus gracilis*（撮影者：藤井琢磨）

ミユリ類の柄から発見されたことは研究者たちを驚かせた（Zapalski et al., 2021）．

スナギンチャク類は，本稿で紹介した以外にも多様な生物と共生していることが予想され（図6），多様かつ複雑な生態学的関係性を他生物と持つことによって海洋生物多様性の創出に貢献していることは予想に難くない．同時に，ほぼすべての海洋生態系に生息するという幅広さゆえ，未だ明らかにされていないことが少なくない奥深い生物である．今後，どのような新しい共生系がスナギンチャク目でさらに発見されるのか，非常に楽しみである．

〔ライマー ジェイムズ デイビス・藤井琢磨・喜瀬浩輝〕

文　献

Beaulieu, S. E. (2001). Life on glass houses: sponge stalk communities in the deep sea. Mar. Biol., 138, 803-817.

Kise, H., J. Montenegro, M. Ekins, T. Moritaki and J. D. Reimer (2019). A molecular phylogeny of carcinoecium-forming *Epizoanthus* (Hexacorallia: Zoantharia) from the Western Pacific Ocean with descriptions of three new species. Syst. Biodivers., 17 (8), 773-786.

Swain, T. D. (2010). Evolutionary transitions in symbioses: dramatic reductions in bathymetric and geographic ranges of Zoanthidea coincide with loss of symbioses with invertebrates. Mol. Ecol., 19 (12), 2587-2598.

Zapalski, M. K., H. Kise, M. Dohnalik, R. Yoshida, T. Izumi and J. D. Reimer (2021). Hexacoral-crinoid associations from the modern mesophotic zone: ecological analogues for Palaeozoic associations. Palaeogeogr. Palaeoclimatol. Palaeoecol., 572, 110419.

第2章
付着生物の幼生生態

2.1 分散機構―プランクトン幼生分散と連結性―

　付着生物は，基盤に付着した後は海の中を動き回ることはほとんどないものの，広範囲に同一種が分布することが知られている．海産無脊椎動物のプランクトン幼生が発見されて以降，プランクトン幼生による分散機構の解明は海洋の生物地理や生態系の理解に貢献してきた．多くの付着生物は生活史の中にプランクトン幼生期を持ち，主に海流によって広範囲に拡散され広い海洋中を分散する．また付着した基盤が海流によって輸送されるなど，さらに複雑な分散機構を持つものもある．付着生物の分散はさまざまな環境因子によって左右され，その結果，生物の分布範囲は変動し，地球規模の生態系変動にも関与する．

2.1.1 海洋生物の「分散」とは
　海洋生物の分散（dispersal）とは，海洋において生物が新しい分布範囲を獲得したり海域集団間で個体が移動したりする過程を指す．より具体的には親の生息地から離れることを「分散」，親または仲間の生息場所に固着することを「回帰」と呼ぶ（加戸，2006）．日本国内の付着生物研究では，戦時中に海軍によって付着機構の研究が中心となって進められてきたため（水産無脊椎動物研究所，1991），分散は注目されてこなかった．そのため，分散そのものが注目されるようになったのは，外来種が生態系に与える問題が取り扱われるようになってからである．分散はさまざまな時間スケールで議論されており，一世代の中で起こる分散は生物や生態系の保全策の策定に貢献する個体群生態学，群集生態学の研究対象となり，地質学的スケールで起こる分散は生物地理や系統地理，さらには生物の多様

化や進化の議論の対象となる．海洋生物の中でも生活史の一部を付着して過ごす付着生物は，付着期の移動が制限されるという特徴を持つ．付着生物を用いることによって，海洋生物の分散をプランクトン期に限って観察することが可能になる．海藻類の場合は遊走子などの時期にあたるが，研究例は限られている．動物の場合はプランクトン幼生期にあたり，こちらについては後述するように18世紀から研究が続いている．

　幼生分散の過程はいくつかのステージに分けることができる（⇨1.1節）．繁殖によって受精卵あるいはプランクトン幼生が海洋中に放出され，これらが水塊中で発生・成長する．このように生活史の一時期のみをプランクトンとして過ごすものは一時プランクトンと呼ばれ，終生プランクトンと区別される．プランクトン幼生の遊泳能力は海流と比較して非常に小さいため，主に鉛直方向の移動のみがプランクトン幼生の，能動的な移動能力として評価されることが多い．既存の集団の中に着生（回帰）するか新たな集団を構築し，繁殖可能な時期まで生き残り，その集団で遺伝子を残すことでメタ個体群（metapopulation）間の連結性（connectivity）として分散の痕跡が特定の集団内に残される．これが蓄積されていくことによって集団遺伝学的解析が解明できる時間スケールの出来事となり，さらに地質学的時間スケールの生物地理の形成に貢献することとなる．付着生物の生活史全般については付着生物研究法（付着生物研究会，1986）で紹介されており，中でもフジツボ類の初期生活史については，加戸によるわかりやすい解説（日本付着生物学会，2006）があるのでそれらを参照されたい．ここでは分類群によらず，付着生物の分散を明らかにするために必要な知見をまとめる．

2.1.2　付着生物の「分散」の研究史

　海洋生物の分散の研究は，プランクトン幼生に依存する分散能力あるいは分散可能性の解明に関するものと，回帰の結果生じた集団あるいは群集間の連結性から分散を推定するものの2つに区別することができる（Levin, 2006）．ここでは主にプランクトン幼生による分散について紹介する．

　海洋生物のプランクトン幼生の発見は18世紀のヨーロッパに遡る（Young, 2006）．1778年にオランダの顕微鏡学者 Martinus Slabber によって，フジツボのキプリス幼生をはじめとするプランクトン幼生が初めて描かれ，記録として残った．しかしこの当時はこれらが幼生であるとは認識されていなかった．19世紀になると顕微鏡観察の手法も発展し，複数の研究者が独自に開発した装置を使って

海をはじめとする水域のプランクトンの観察を始めた．1830 年には英国海軍医であった J. Vaughan Thomson によってキプリス幼生が採集され，フジツボに変態する様子が観察された．これとは別にドイツの動物学者 Johannes Müller がプランクトンネットを発明し，1846 年から 1850 年にかけて多数の水産無脊椎動物のプランクトン幼生を発見し，記載した．これらの発見により，無脊椎動物が複雑な生活史を持つことが次々と明らかとなっていった．1859 年には Charles Darwin による「種の起源」が出版され，進化あるいは種の変化という概念が浸透していった．このような流れの中で，プランクトン幼生期の発見は Ernst Haeckel が 1866 年に発表した「反復説」など，多くの仮説の提唱に貢献した．19 世紀後半には海産無脊椎動物の人工授精も行われるようになり，近年では遺伝子の発現解析なども実施され，生物の発生・成長過程の理解に大きく貢献している．

　分散に関連する海産無脊椎動物の発生過程は，簡単にまとめると以下のようになる．まず，交尾を行い体内で受精卵を形成するものと，精子や卵子を海洋中に放出し環境中で受精卵を形成するもの（体外受精）が存在する．前者については人工受精をはじめとする実験的な取り組みによって知見が蓄積され，後者については成体個体の飼育実験によって受精卵を産卵，抱卵させたり，環境中に産卵された受精卵の観察によって知見が蓄積されている．後者の中には親の体内で発生が進み，親と同じ形をした稚仔が親の体内から産まれてくる場合もあるが（胎生と卵胎生），これは脊椎動物で観察されることがほとんどである．親の体外に産卵される場合の受精卵の発生にはいくつかのタイプがある．産みつけられた卵がすべて個体として発生する場合と，栄養卵として吸収される場合がある．栄養卵の有無にかかわらず，個体発生が進む卵の中にも，受精卵の中に蓄積された卵黄のみで発生が進む場合とそうでない場合がある．発生が進み卵から孵出する際，親と同じ形まで発生が進んでいるもの（直達発生）と，親とは異なる形のプランクトン幼生として孵出するもの（間接発生）がいる．また，孵出したプランクトン幼生には卵黄のみで成長するもの（卵黄栄養性）と，環境中から有機物などを取り込み成長するもの（プランクトン栄養性など）があり，成長の過程でこれらの特徴が変化するものもいる．直達発生として認識されるものの中には，卵の中でプランクトン幼生期を経るものとプランクトン幼生期を観察できないものがある．こういった多様な発生様式が存在する中，1930 年代から 1970 年代にかけて Gunnar Thorson らは環境中に産みつけられた巻貝類の卵嚢とそこから孵出する幼生や幼稚体について多数の観察を行い，高緯度地域や深海など寒冷環境に卵黄栄養

性のプランクトン幼生期を持つものが多いこと，プランクトン幼生期に形成される殻（胎殻）がプランクトン幼生期間の長さに関連づけられること，などを含むThorson の法則と呼ばれる傾向を見出した（Mileikovky, 1971）．

卵黄栄養性のプランクトン幼生は，受精卵の中に幼生期間の成長を支える栄養を保持している必要があるので，一般的に受精卵が大きくなる．また，成長の過程で大きなサイズ変化は起こりにくくなる．一方，プランクトン食性のものは小さな卵から生まれても栄養状態がよければ大きく育つことができる．つまり小卵多産のものはプランクトン食性の幼生を持ち，大卵少産のものは卵黄栄養性の幼生を持つ傾向があると考えられている．大卵少産のものは高緯度域や深海など比較的寒い環境に多く，小卵多産のものは低緯度域や浅海など比較的温かい環境に多いと考えられている．卵黄栄養性の幼生はサイズが大きなことからプランクトン幼生として海洋を漂う期間が短いと考えられがちであるが，卵黄は正の浮力を持つことが多く，また低温環境では代謝が低くなることから，必ずしも卵黄栄養性のプランクトン幼生期間が短いわけではない．実際，付着生物を含む70種を超える海産生物のプランクトン幼生期の長さと水温の関係を調べた結果，幼生の食性にかかわらず，水温が高いほど幼生期間が短く，水温が低いほど幼生期間が長くなる傾向が観察されている（O'Connor et al., 2007）．直達発生の場合，プランクトン幼生期を欠くことになるため，一般的に移動能力が非常に低いと考えられているが，付着生物にはこの発生様式を持つものはほとんどいない．ほとんどの付着生物は海流による分散が可能なプランクトン幼生を持つ．

一般的に，成体個体の特徴からプランクトン幼生期間の長さを推定することは難しいが，巻貝類などはプランクトン幼生期の胎殻を成体となっても保持しているため，このサイズからプランクトン幼生期の生態を推定することができる．しかし硬組織を持つ付着生物の代表であるフジツボ類は脱皮動物であり，プランクトン幼生期の外骨格が残されていないため，成体個体からプランクトン幼生期を推測することはできない．また，受精卵や幼生の発生様式には系統的制約がない場合が多く，特定の分類群について知見を得たい場合には条件分けをした飼育によって明らかにするか，あるいは前述した一般的な水温とプランクトン幼生期の長さの関係を活用するかになる．これらのプランクトン幼生の特徴と水温などの海洋環境，プランクトン幼生を輸送する海流のシミュレーションとその検証を行うことによって，分散の可能性を推定することができる．

2.1.3 付着生物の「連結性」の研究史

連結性から海洋生物の分散を推定する考え方も，19世紀に遡る．海洋生物が海流によって分散するという概念は，海洋生物の分布が水深，地理，時間によって変化し得るという概念とともに，1872年にはすでに知られていた（Thomson, 1872）．ヨーロッパの人々がアフリカ・アジア・アメリカ大陸への航海と発見を成し遂げた大航海時代には，陸上の動植物相の変化についての知見が蓄積され，生物地理の概念が構築された．1880年にはAlfred Russel Wallaceによってこうした陸上の生物相の変化の一部が地理的な距離に依存しないことも報告され，「ウォレス線」のような生物地理区の境界が発見されていった．生物地理区の存在は，分散様式によらず生物の分散が大きく制限されることがあることを示している．こういった知見は統計学の発展とともに，多様度指数や類似度あるいは非類似度などの指数を用いてより客観的に理解されるようになる．具体的には，調査対象とする複数の地点に分布する生物の定量的あるいは定性的な種のリストを作成し，群集間の類似度指数を計算する方法などがある．種の多様性が高いところから低いところへ生物が移動したと仮定すると，生物の分散経路を推定することができ（Legendre and Legendre, 2012）．この手法は化石の生物群集など多様な生物群集に対し用いることができる．

さらに2000年代になり生物のDNA塩基配列の取得が比較的容易になると，この考え方が種内集団間の比較に用いられるようになり，集団間の連結性を相対的に示すことができるようになった．たとえば，生物のプランクトン幼生が海洋中に多数存在する海域集団のうち，ある特定の海域に分布する集団から放出，海流によって輸送され，新たな海域に辿り着き集団を構築した場合，どのようなことが起こるのか．クラゲなど無性生殖が可能な生物は，たった1個体がたどり着いただけでも新たな集団を構築することができる．たどり着いた海域の環境がその生物に適していた場合，爆発的に増加することもある．個体が繁殖する際，DNAは親から子へと伝わるが，その際に一定の割合で変異が生じる．つまり集団内における繁殖成功の頻度あるいは個体数が増加するにつれ，個体間のDNAを比較した場合に変異の割合が増加することになる．これが遺伝的多様性と呼ばれる．集団間の遺伝的多様性を比較することで集団の歴史の長さ，あるいは有効集団サイズを推定することができる（Rowe et al., 2017）．では，多様性だけでなく蓄積している変異を比較するとどうなるのか．あるDNAの塩基配列から別のDNAの塩基配列への変異の起こりやすさというものを見積もることができる．これを

参照することにより，どちらがより派生的な塩基配列を持つ集団であるのかを推定することができる．研究対象とする遺伝子座の変異の起こりやすさによって推定できる現象の時間スケールは大きく変化するが，ゲノム中に存在する一塩基置換 SNPs を用いた場合には世代レベルの変異を観察できる（この場合，対象とする生物の世代時間も時間スケールを大きく左右することになる）．もちろん，地理的に離れた集団間であっても個体の往来があれば遺伝子の交流が起こる．遺伝的交流が生じる，連結した集団をまとめてメタ個体群ととらえる．

　生物がある海域から別の海域に分散する際，すべての個体が生存したまま到達し，新しい海域で繁殖に貢献できるとは限らない．有効集団に組み込まれるのは実際に存在する個体の一部でしかない．海流のモデルシミュレーションを漂流ブイで検証するのと同じように，プランクトン幼生による分散そのものを観察する場合にはどうするのか．最も直接的な方法は，プランクトン幼生の海洋における分布を実際に観察する方法である．これはサンプリングが容易な沿岸種には有効な方法であり，沿岸から沖合までいくつかの場所と深さでプランクトンネットを曳網し，どの幼生期のプランクトン幼生がどこにどのくらい分布するかを観察することによって分散過程を推定することができる（Kado et al., 2002）．しかし，これが深海や外洋に分布する生物の場合には途方もないことになる．深海の生物でもプランクトン幼生が表層まで浮遊し成長した後に深海底に戻っていく場合も知られており，膨大な空間を調べることになり，あまり現実的ではない．環境に存在する DNA を網羅的に解析する eDNA（environmental DNA）の分析からプランクトン幼生の分布を明らかにする試みもあるが，DNA になってしまうとそれが由来する個体が生活史のどの段階にあったのかという情報が失われてしまう．海洋中に分布する膨大なプランクトンの画像データを連続的に取得するができる VPR（Visual Plankton Recorder あるいは Video Plankton Recorder）と AI による画像の自動分類技術を組み合わせた手法を併用することによって，海洋におけるプランクトン幼生の三次元的な分散やその変動を明らかにしていくことが期待される．

2.1.4　今後の課題

　プランクトン幼生による付着生物の分散はここまでに紹介した手法によって明らかにすることができそうな気がするが，まだ残されている課題がある．これまでプランクトン幼生が海流によって受動的に移動するものとして扱ってきた．し

かし，プランクトン幼生も能動的に遊泳し，モデルシミュレーションと実際の分布に乖離が生じる場合がある．こういった場合，特定の環境因子に対して幼生が走性を示している可能性がある．着底直前の幼生については付着誘因の条件が明らかになりつつあるが，広大な海洋の中を分散する場合にも生存に適した特定の環境を見つけるために走性を持っている可能性がある．こういった走性は着生期と浮遊分散期で変化していくことも予想される．

　付着生物自体は広い範囲を動き回ることはできないものの，付着した基盤が海流によって輸送されることがある．エボシガイ類などの付着生物は外洋性とも呼ばれ，外洋に浮遊する流れ藻や軽石などの天然物だけでなく，プラスチックなどの人工物に付着する．このように付着生物が移動する基盤に付着して分散したのは現代に限ったことではなく，中世代ではアンモナイトの表面にフジツボ類が付着していた例も報告されており，付着基盤の移動も古くから付着生物の主要な分散方法であったと考えられる．2011年に発生した東北地方太平洋沖地震の津波により，さまざまなものが海洋に流出したが，人工物など長期にわたって海面を漂流する一部の浮遊物は，付着生物をはじめとする沿岸の生物をハワイやアメリカ西海岸に運び，移入を可能にした（Carlton et al., 2017）．さらに寄生生物も，基盤を生物とする付着生物と捉えることができる．基盤である生物は能動的に動くことができるため，特に移動能力の高い魚類などが付着基盤（宿主）となる場合の付着生物の分散は複雑であると予想される．

　フジツボ類，イガイ類，ゴカイ類などからなる付着生物は，多様な海洋生態系の中でも環境エンジニアリング種として機能することも多い．こういった背景を持つ付着生物の分散と着生の鍵となる機構を明らかにすることは，地球規模での生態系の変動を把握したり予測したりすることに貢献するだろう．　〔渡部裕美〕

文　献

Carlton, J. T., W. Chapman, J. B. Geller, J. A. Miller, D. A. Carlton, M. I. McCuller, N. C. Treneman, B. P. Steves and G. M. Ruiz (2017). Tsunami-driven rafting: Transoceanic species dispersal and implications for marine biogeography. Science, 357, 1402-1406.

付着生物研究会（1986）．「付着生物研究法」，恒星社厚生閣，東京，156 pp.

Kado, R., Y. Hayakawa, K.-I. Hayashizaki, N. Nanba, H. Ogawa and K. Okano（2002）Spatial distribution and abundance of barnacle larvae in Okkirai Bay, northeast Honshu, Japan, a case study of Semibalanus cariosus (Pallas). Fish. Sci., 68 (sup1), 405-408.

Legendre, P. and L. Legendre (2012). Numerical Ecology, 3rd Edition. Elsevier, Amsterdam, 1006 pp.

Levin, L. A. (2006). Recent progress in understanding larval dispersal: new directions and digressions. Integr. Comp. Biol., 46 (3), 282-297.

Mileikovsky, S. A. (1971). Thpes of larval development in marine bottom invertebrates, their distribution and ecological significance: a re-evaluation. Mar. Biol., 10 (3), 193-213.

日本付着生物学会 (2006). 「フジツボ類の最新学―知られざる固着性甲殻類と人とのかかわり」, 恒星社厚生閣, 東京, 396 pp.

O'Connor, M. I., J. F. Bruno, S. D. Gaines, B. S. Halpern, S. E. Lester, B. P. Kinlan and J. M. Weiss (2007). Temperature control of larval dispersal and the implications for marine ecology, evolution, and conservation. Proc. Nat. Acad. Sci. USA, 104 (4), 1266-1271.

Rowe, G., M. Sweet and T. Beebee (2017) An Introduction to Molecular Ecology, 3rd Edition, Oxford University Press, Oxford, 400 pp.

Thomson, C. W. (1872). The Depths of the Sea, an account of the general results of the dredging cruises of H.M.SS. 'Porcupine' and 'Lightning' during the summers of 1868, 1869, and 1870, under the scientific direction of Dr. Carpenter, F.R.S., J. Gwyn Jeffreys, F.R.S., and Dr. Wyville Thomson, F.R.S. Macmillan and Co., New York, 527 pp.

水産無脊椎動物研究所 (1991). 「海洋生物の付着機構」, 恒星社厚生閣, 東京, 214 pp.

Young, C. M. (2006). Atlas of Marine Invertebrate Larvae, Academic Press, Massachusetts, 640 pp.

2.2　フジツボ類の着生誘起フェロモン

　海洋付着動物の多くは浮遊幼生期を有しており，浮遊幼生が岩盤などの付着基盤への着生（付着・変態する一連の過程）を経て底生生活期へと移行する．一般的に着生後の個体は移動能力が低いため，幼生が生息に適した環境に着生できるかどうかで，その後の生残や繁殖に加われるかどうかが大きく左右される．フジツボ類は幼生を対象とした室内実験や野外での着生状況の観察が実施しやすいことから，幼生着生機構の研究対象として広く使われている．本節では，フジツボ幼生の着生を誘起するタンパク質性フェロモンについて，主に 2000 年代以降に得られた知見を紹介する．

2.2.1　フジツボの生活史

　フジツボの多くは雌雄同体で，成体は基本的に移動能力を欠き，近隣の同種他個体にペニスを挿入して精子を送り込むことで繁殖を行う．受精卵は母体内で発生が進み，多くの場合ノープリウス幼生の段階で環境中に放出され，一定期間分散し（分散について⇨2.1 節），キプリス幼生となる（図 2.1）．キプリス幼生は，

付着基盤上で一対の第一触角を使って歩くような行動を示す．この行動は探索行動と呼ばれ，第一触角に備わっている複数の感覚毛を使って海流や化学物質などの物理化学的な特性を探っていると考えられている（Maruzzo et al., 2011）．探索場所が着生場所としてふさわしくないと判断すれば，遊泳して移動し，別の場所で探索行動を始める．フジツボはペニスが届く範囲に同種他個体がいないと繁殖ができないため，キプリ

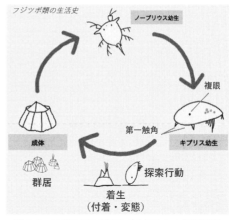

図 2.1　フジツボの生活史（イラスト：北出汐里）

ス幼生は同種他個体が分泌するタンパク質性フェロモンを頼りに着生場所を選択し，同種個体による群居を形成していることが知られている．最近の研究ではフェロモンの同定や分子レベルでの研究が進んでいる．

2.2.2　基盤吸着性着生誘起フェロモン SIPC

付着基盤表面に吸着したフジツボの成体由来の化学物質がキプリス幼生の着生を誘起することは 1950〜1960 年代から知られ，英国を中心に着生機構の研究が進められてきた（Crisp and Meadows, 1962; 1963）．その後，タテジマフジツボ（*Amphibalanus amphitrite*）の成体抽出物から，着生誘起活性を持つ 76，88，98 kDa のサブユニットからなる分泌型のタンパク質複合体が単離精製された（Matsumura et al., 1998b）．このタンパク質性フェロモンは Settlement Inducing Protein Complex（SIPC）と名づけられているが，各サブユニットはそれぞれ単独でも着生誘起活性を有することがわかっている（Matsumura et al., 1998b）．SIPC は付着基盤表面に吸着することで，後述する海水溶存性着生誘起フェロモンよりも至近的な着生誘起因子として機能していると考えられている（Clare, 2010）．実際に SIPC はさまざまな化学特性を有する基盤表面に対して高い吸着特性を有する"粘着性"タンパク質であることが確認されており（Petrone et al., 2015），フジツボのセメント質や周殻などの外界と接する部位で検出されている（Zhang et al., 2015; So et al., 2017）．また SIPC は糖鎖に結合するレクチンの一種であるレンズマメレクチン（LCA）の存在下で活性を失うことがわかっており，糖鎖構造が着生誘起

活性に重要な役割を果たしていることが示唆されている（Matsumura et al., 1998a）．実際に SIPC には高マンノース型糖鎖が結合していることが確かめられている（Pagett et al., 2012）．

SIPC はα2-マクログロブリンというプロテアーゼ（タンパク質分解酵素）の阻害因子としてよく知られているタンパク質と 30% ほどの相同性を有することが明らかとなっている（Dreanno et al., 2006b）．SIPC がプロテアーゼ阻害活性を有しているかどうかは不明だが，環境中に晒されながらも分解されずに安定的に機能することが要求される着生誘起フェロモンが，プロテアーゼ阻害因子と相同性を有するということは理にかなっていると考えられる．

またタテジマフジツボの SIPC に対する抗体を用いた免疫学的な実験から，さまざまな分類群のフジツボ類が SIPC 様タンパク質を有し，それらの分子量が種間で異なることなどから，SIPC は種特異的にキプリス幼生の着生を誘起していることが考えられた（Kato-Yoshinaga et al., 2020；松村，2006）．実際に 4 種類のフジツボの SIPC を含む抽出物に対して，タテジマフジツボの幼生の着生が誘起されるかどうかを検証すると，同種の抽出物の着生誘起活性が最も高いことが報告されている（Dreanno et al., 2007）．またフィールド試験においても，SIPC を含む抽出物が種特異的にキプリス幼生の探索行動を誘起することが確かめられている（Matsumura et al., 2000）．その後，複数種の SIPC 遺伝子の解析から，SIPC には種間でアミノ酸配列が大きく異なる変異蓄積部位が存在していることや糖鎖修飾部位が種によって異なることが示唆されている（Yorisue et al., 2012）．この変異蓄積部位や糖鎖構造が種特異性と関連していることが示唆されるが，今後の研究が必要である．

興味深いことに，SIPC はキプリス幼生自身も分泌していることが知られている．総タンパク質量に対する割合では成体と同程度の量を発現している（Matsumura et al., 1998c；松村，2006）．キプリス幼生は探索行動を行う際に，第一触角の先端部から SIPC を含む成分を足跡（フットプリントと呼ばれる）として残しており（図 2.2），探索行動をしながら同種他個体の着生を誘起していると考えられている（Matsumura et al., 1998c; Dreanno et al., 2006a）．

またSIPC は存在量に応じて着生誘起活

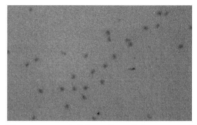

図 2.2　SIPC を含むキプリス幼生のフットプリント（写真提供：松村清隆 博士）

性が変化することも報告されている．フェロモン量が中程度の時に最も着生誘起活性が高くなり，過剰に存在すると逆に着生阻害活性を示すというものである (Kotsiri et al., 2018)．これは，SIPC が過剰にあると環境中での同種他個体の密度が過度に高くなり，餌や空間を巡る個体間の競争が激しくなるために，キプリス幼生が着生を忌避しているのだと解釈されている（図 2.3）．

キタアメリカフジツボ（*Balanus glandula*）から同定された，SIPC と相同な遺伝子（オーソログ）は MULTIFUNCin と名づけられている (Zimmer et al., 2016)．MULTIFUNCin には着生誘起フェロモンとしての機能のほかに，フジツボの捕食者である肉食性巻貝の捕食を活性化させることが報告された (Zimmer et al., 2016)．つまり，フジツボは同種個体の着生を誘起するために SIPC/MULTIFUNCin を分泌すると，捕食者によって攻撃されるリスクが高まってしまう．そのため，フジツボは同種他個体の着生誘起と被食リスクのトレードオフで発現量を調整しているのかもしれない．詳しいことはわかっていないが，SIPC/MULTIFUNCin が生態系での複雑な生物間相互作用を駆動していることは間違いないだろう．

2.2.3　海水溶存性着生誘起フェロモン WSP

フジツボの成体飼育水や野外でのフジツボの生息場所の直上海水には，同種のキプリス幼生の遊泳や着生を誘起する活性が認められており，成体が分泌する海水溶存性の成分が活性本体であることが示唆されてきた (Elbourne and Clare, 2010)．Endo et al. (2009) では，タテジマフジツボの成体抽出物から同種のキプリス幼生の着生を誘起する 32 kDa の水溶性タンパク質を単離精製し，これを Waterborne Settlement Pheromone（WSP）と名づけた．WSP はクピンスーパーファミリーに属するタンパク質と相同性を有する分泌型のタンパク質であった（遠藤, 2012）．また前述の SIPC とは異なり，糖鎖に結合することで知られるレクチンの

図 2.3　SIPC の量的情報を利用したキプリス幼生の着生戦略（イラスト：伏見香蓮）

存在下でも活性が阻害されないことから，糖鎖構造は着生誘起活性に関与していないことが示唆されている（Endo et al., 2009；遠藤，2012）．実際に，大腸菌に発現させた，糖鎖構造を持たない組換え体タンパク質が天然のWSPと同様の活性を示すことからも，糖鎖構造が活性を担っていないことが支持されている（Kitade et al., 2022）．

近年のプロテオーム解析で，WSPはSIPCと同様に，成体のセメント質などの外界と接する部位から検出されており，水溶性タンパク質であることが示されている（So et al., 2017）．またSIPCと同様に，WSPも存在量に応じて着生誘起活性が変化する．しかし興味深いことに，その変化のパターンはSIPCとは逆で，WSPが高濃度（100 nmol/L）だと明確に着生が誘起され，低濃度（1 nmol/L）だと着生が抑制される（Kitade et al., 2022）．低濃度のWSP刺激はキプリス幼生にとって，同種他個体が存在する繁殖に適した着生場所（＝WSPが高濃度で存在する場所）が周辺に確実に存在するという情報となるため，キプリス幼生が着生場所の探索を継続する結果として，着生に至らない個体が多くなるという可能性が考えられている（Kitade et al., 2022；図2.4）．

WSPはヨーロッパフジツボ（*Amphibalanus improvisus*）などの複数の種で存在が確認されており（Abramova et al., 2019），幅広い系統のフジツボ類がWSPを着生因子として利用していると考えられる．最近の著者らの研究では，タテジマフジツボとヨーロッパフジツボのWSPおよびキプリス幼生を使った室内実験から，各種のキプリス幼生が他種のWSPに対しても同種のWSPと同様の反応を示すことがわかっている（Kitade et al., accepted）．タテジマフジツボとヨーロッパフジツボは日本国内でごく一般的に見られる種であるが，両種は原産地の異なる外来種であり，同所的に進化してきた種間でWSPの種特異性があるかどうかは

図2.4　WSPの濃度情報を利用したキプリス幼生の着生戦略（イラスト：伏見香蓮）

わかっていない.

2.2.4 まとめと展望

本節では, フジツボが分泌するキプリス幼生のタンパク質性着生誘起フェロモンについて最近の知見を紹介した. キプリス幼生はこれらの因子の情報を巧みに処理し, 着生場所を選択していると考えられる. これまでの知見を総合すると, キプリス幼生は着生に至る過程で, 以下のステップを踏むと想定される. キプリス幼生は成体個体が分泌する海水溶存性着生誘起フェロモン WSP の濃度情報を頼りに, 成体個体の生息環境に近づいていく. この際, WSP には種特異性がないことが示唆されており, 同種/他種の区別はできていないのかもしれない. 着生場所の最終的な判断材料として, 成体の周殻や付着基盤表面に吸着した基盤吸着性着生誘起フェロモン SIPC を感知することにより, 周辺に存在する個体が同種か他種か, もしくは生息密度が過密になっていないかといった情報を得て, 着生に至る. これらは主に室内実験の結果から想定されるものであるが, 野外でのフェロモンの存在量や分布については今のところほとんど情報がなく, 今後の解明すべき課題である. またキプリス幼生が成体個体を視覚的に認識しているという研究（Matsumura and Qian, 2014）や, ペプチド（Tegtmeyer and Rittschof, 1989 など）やアデノシン（Wu et al., 2024）が海水溶存性着生誘起フェロモンとして機能しているとする報告も多数ある. キプリス幼生はこれらを含めた複雑な情報をどのようにして利用して着生場所の探索をしているのかは未解明である. またフジツボの着生誘起フェロモンが捕食者の捕食を誘起するなど, 着生に関わる因子が生態系の中で複雑な生物間相互作用を駆動していることもわかってきている. 松村（2006）では「その後の半生を左右する着生場所の選択を緻密に計算しているキプリス幼生のしたたかさは奥深く, 新たな研究テーマが次々に出てくるものと考えられる」と述べられているが, まさにそのとおりであろう.　　　〔頼末武史〕

文　　献

Abramova, A., U. Lind, A, Blomberg and M. A. Rosenblad (2019). The complex barnacle perfume: Identification of waterborne pheromone homologues in *Balanus improvisus* and their differential expression during settlement. Biofouling, 35, 416-428.

Clare, A. S. (2010). Toward a characterization of the chemical cue to barnacle gregariousness. In: *Chemical communication in crustaceans*, eds. T. Breithaupt and M. Thiel, Springer, New York, pp.431-450.

Crisp, D. J. and P. S. Meadows (1962). The chemical basis of gregariousness in cirripedes. Proc. R. Soc. Lond. Ser. B Biol. Sci., 156, 500-520.

Crisp, D. J. and P. S. Meadows (1963). Adsorbed layers: the stimulus to settlement in barnacles. Proc. R. Soc. Lond. Ser. B Biol. Sci., 158, 364-387.

Dreanno, C., R. R. Kirby and A. S. Clare (2006a). Smelly feet are not always a bad thing: the relationship between cyprid footprint protein and the barnacle settlement pheromone. Biol. Lett., 2, 423-425.

Dreanno, C., K. Matsumura, N. Dohmae, K. Takio, H. Hirota, R. R. Kirby and A. S. Clare (2006b). An α2-macroglobulin-like protein is the cue to gregarious settlement of the barnacle *Balanus amphitrite*. Proc. Natl. Acad. Sci. USA., 103, 14396-14401.

Dreanno, C., R. R. Kirby and A. S. Clare (2007). Involvement of the barnacle settlement-inducing protein complex (SIPC) in species recognition at settlement. J. Exp. Mar. Biol. Ecol., 351, 276-282.

Elbourne, P. D. and A. S. Clare (2010). Ecological relevance of a conspecific, waterborne settlement cue in *Balanus amphitrite* (Cirripedia). J. Exp. Mar. Biol. Ecol., 392, 99-106.

遠藤紀之・野方靖行 (2012). フジツボ類の着生フェロモンに関する研究：着生フェロモンの精製・構造解析と生産方法の確立. 電力中央研究所報告, V11008.

Endo, N., Y. Nogata, E. Yoshimura and K. Matsumura (2009). Purification and partial amino acid sequence analysis of the larval settlement-inducing pheromone from adult extracts of the barnacle, *Balanus amphitrite* (=*Amphibalanus amphitrite*). Biofouling, 25, 429-434.

Kato-Yoshinaga, Y., M. Nagano, S. Mori, A. S. Clare, N. Fusetani and K. Matsumura (2000). Species specificity of barnacle settlement-inducing proteins. Comp. Biochem. Physiol. A Mol. Integr. Physiol., 125, 511-516.

Kitade, S., N. Endo, Y. Nogata, K. Matsumura, K, Yasumoto, A. Iguchi and T. Yorisue (2022). Faint chemical traces of conspecifics delay settlement of barnacle larvae. Front. Mar. Sci., 9, 1780.

Kitade, S., K. Matsumura and T. Yorisue (*accepted*). Evaluation of species-specificity in barnacle waterborne settlement pheromones. J. Mar. Biol. Assoc. UK.

Kotsiri, M., M. Protopapa, S. Mouratidis, M. Zachariadis, D. Vassilakos, I. Kleidas, M. Samiotaki and S. G. Dedos (2018). Should I stay or should I go? The settlement-inducing protein complex guides barnacle settlement decisions. J. Exp. Biol., 221, jeb185348.

Maruzzo, D., S. Conlan, N. Aldred, A. S. Clare and J. T. Høeg (2011). Video observation of surface exploration in cyprids of *Balanus amphitrite*: the movements of antennular sensory setae. Biofouling, 27, 225-239.

松村清隆 (2006). キプリス幼生の付着機構1：幼生はどのように付着場所を選択するか？.「フジツボ類の最進学　知られざる固着性甲殻類と人とのかかわり」（日本付着生物学会編），恒星社厚生閣，東京，pp.147-167.

Matsumura, K., S. Mori, M. Nagano and N. Fusetani (1998a). Lentil lectin inhibits adult extract-induced settlement of the barnacle, *Balanus amphitrite*. J. Exp. Zool., 280, 213-219.

Matsumura, K., M. Nagano and N. Fusetani (1998b). Purification of a larval settlement-inducing protein complex (SIPC) of the barnacle, *Balanus amphitrite*. J. Exp. Zool., 281, 12-20.

Matsumura, K., M. Nagano, Y. Kato-Yoshinaga, M. Yamazaki, A. S. Clare and N. Fusetani (1998c). Immunological studies on the settlement-inducing protein complex (SIPC) of the barnacle *Balanus amphitrite* and its possible involvement in larva-larva interactions. Proc. R. Soc. B Biol. Sci., 265, 1825.

Matsumura, K., J. M. Hills, P. O. Thomason, J. C. Thomason and A. S. Clare (2000). Discrimination at settlement in barnacles: laboratory and field experiments on settlement behaviour in response to settlement-inducing protein complexes. Biofouling, 16, 181-190.

Matsumura, K. and P. Y. Qian (2014). Larval vision contributes to gregarious settlement in barnacles: adult red fluorescence as a possible visual signal. J. Exp. Biol., 217, 743-750.

Pagett, H. E., J. L. Abrahams, J. Bones, N. O'Donoghue, J. Marles-Wright, R. J. Lewis, J. R. Harris, G. S. Caldwell, P. M. Rudd and A. S. Clare (2012). Structural characterisation of the N-glycan moiety of the barnacle settlement-inducing protein complex (SIPC). J. Exp. Biol., 215, 1192-1198.

Petrone, L., N. Aldred, K. Emami, K. Enander, T. Ederth and A. S. Clare (2015). Chemistry-specific surface adsorption of the barnacle settlement-inducing protein complex. Interface Focus, 5, 20140047.

So, C. R., J. M. Scancella, K. P. Fears, T. Essock-Burns, S. E. Haynes, D. H. Leary, Z. Diana, C. Wang, S. North, C. S. Oh, Z. Wang, B. Orihuela, D. Rittschof, C. M. Spillmann and K. J. Wahl (2017). Oxidase activity of the barnacle adhesive interface involves peroxide-dependent catechol oxidase and lysyl oxidase enzymes. ACS Appl. Mater. Interfaces, 9, 11493-11505.

Tegtmeyer, K. and D. Rittschof (1989). Synthetic peptide analogs to barnacle settlement pheromone. Peptides, 9, 1403-1406.

Yorisue, T., K. Matsumura, H. Hirota, N. Dohmae and S. Kojima (2012). Possible molecular mechanisms of species recognition by barnacle larvae inferred from multi-specific sequencing analysis of proteinaceous settlement-inducing pheromone. Biofouling, 28, 605-611.

Zhang, G., L. S. He, Y. H. Wong, Y. Xu, Y. Zhang and P. Y. Qian (2015). Chemical component and proteomic study of the *Amphibalanus* (=*Balanus*) *amphitrite* shell. PLoS One, 10, e0133866.

Zimmer, R. K., G. A. Ferrier, S. J. Kim, C. S. Kaddis, C. A. Zimmer and J. A. Loo (2016). A multifunctional chemical cue drives opposing demographic processes and structures ecological communities. Ecology, 97, 2232-2239.

Wu, Z., Z. Wang, Z. Li, H. Hao, Y. Qi and D. Feng (2024). Impacts of ocean acidification and warming on the release and activity of the barnacle waterborne settlement pheromone, adenosine. Mar. Pollut. Bull., 199, 115971.

2.3　付着生物の着生と光環境

我々が目にする付着生物の多くは浮遊幼生期があり，顕微鏡を使わないと観察

できないほど小さい．基質に付着した成体とは異なり，浮遊幼生は水中を漂いながら生活するプランクトンであり，浮遊分散および好適な着生場所を探索する役割を担っている．この節では光環境が幼生の着生行動に与える影響について取り上げる．

2.3.1 視覚を利用した着生場所の探索

　岩礁や港湾で多く分布するカキ類やフジツボ類などの付着生物は，視覚器官の異なる浮遊幼生期を持つ（図3.1）．浮遊幼生は，付着生物が海流分散をするために欠かせない成長段階である（Strathmann, 1974;⇨2.1節）．浮遊幼生は，着生期に達すると，付着生活を過ごす場所を選択することが知られている．着生後は，移動が不可能または限定的になるため，幼生が行う着生場所の選択は生残や繁殖を左右する重要なプロセスである．着生期の幼生は，さまざまな情報を頼りに生息に適した場所を探索するため，多様な感覚機構を発達させている．たとえば，付着基盤表面に形成されたバイオフィルムから分泌される物質（Qian et al., 2007）や，同種他個体が分泌する糖タンパク質（Sedanza et al., 2021; 2022）を感知することなどが知られている．加えて，微地形学的（microtopography）特徴（Köhler et al., 2009）や，水流（Hodin et al., 2018）などの物理的な環境要因を感知する機構も有する．

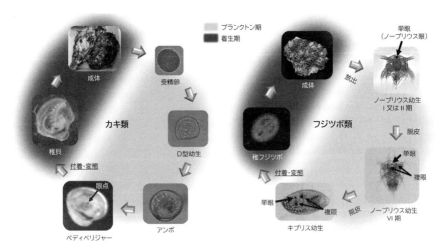

図3.1　岩礁や岩石海岸に分布するカキ類［マガキ *Magallana gigas*（=*Crassostrea gigas*）］とフジツボ類（シロスジフジツボ *Fistulobalanus albicostatus*）の生活史における視覚機構の変化（Kim et al., 2021a, b）

潮間帯では，生物の分布に影響を与えるさまざまな物理的な環境要因（水温，波浪，光 など）が存在する．潮間帯で見られる付着生物の帯状分布（生物種が潮位に応じて垂直方向に移り変わる分布パターン）についても，着生後の温度や乾燥などの環境ストレスに対する耐性の種間差が帯状分布の成因の一つであることがよく知られているが（Foster, 1971; Hurlbut, 1991），これらの物理的な環境要因を頼りに着生場所の水深を選択しているかどうかはよくわかっていない．一方で，光は水深によって波長と強度の分布が異なるという特徴を持つため，帯状分布を形成する付着生物が光環境を頼りに着生場所を選択している可能性がある．付着生物の幼生は，着生期になると視覚器官が出現したり，変化する例が知られている．幼生の視覚器官である眼点は，物の形の識別ができず，光の明暗のみ感知できる．カキ類の場合，着生期のペディベリジャーになると初期プランクトン幼生期であるD型幼生からアンボ期までには無かった眼点が出現する（図 3.1 左）．フジツボ類は，初期ノープリウスⅠ期〜Ⅴ期では単眼のみを持つが，ノープリウスⅥ期になると複眼が出現し，着生期のキプリス幼生期にかけて複眼を発達させる（図 3.1 右）．光が幼生の行動に与える影響を知るためには，幼生の視覚器官が感知する光波長帯やその感度（視色素の吸光度）を明らかにすることが重要である．これらの知見から，幼生が認識可能な光条件，および着生行動や潮間帯の生物の分布に与える光環境の影響について解明が進むと考えられる．

岩礁潮間帯に分布する代表的な二枚貝であるマガキ *Magallana gigas*（= *Crassostrea gigas*）の場合，着生期のペディベリジャーが持つ視色素の吸光度は，赤色光付近波長（620 nm）で最高値となる（図 3.2）．一方，潮間帯の上部に分布するシロスジフジツボ *Fistulobalanus albicostatus* の場合は，マガキとは異なり，初期幼生（ノープリウスⅠ期〜Ⅴ期）が有する単眼は 575〜580 nm の光波長帯で他の波長より高い吸光度を示す．その後の発生に伴い出現する複眼（ノープリウスⅥ期〜キプリス）は，単眼と同様の吸光度パターンであるが，キプリス期では感度が向上する（図 3.3）．これらの生息深度の異なる 2 種の付着生物において視色素の吸収極大波長が異なるという結果は，着生行動に光が深く関連していることを示唆する．

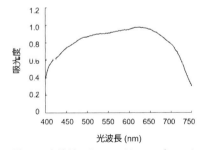

図 3.2 光波長によるマガキのペディベリジャー幼生の眼点吸光度の変化（Kim et al., 2021a）

実は，眼の出現に関してはさまざまな説がある．カキ類に対しては，光受容よりも，幼生が変態する際に環境耐性を高めるために必要な栄養素を蓄えて生残を高めるための器官であると主張するものもある（Wilson, 1937）．しかし，マガキのゲノムには，ロドプシンやオプシンといった視色素などの視覚関連遺伝子が多数存在する（Wu et al., 2018）．さらに，実際に視色素が存在する眼点の構造や幼生の走光性を調査した研究もあり（Cole, 1938; Wheeler et al., 2017; Zhang et al., 2021），やはり眼の光受容器としての機能が着生行動において重要な働きをしているのは間違いないだろう．また，タテジマフジツボ *Amphibalanus amphitrite* のキプリス幼生が持つ複眼は，同種の成体が発する蛍光を感知して着生を促進させる役割を果たすことが示唆されている（Matsumura and Qian, 2014）．このように，着生期に生じる視覚器官の出現および変化が，着生行動と光環境に密接に関連している

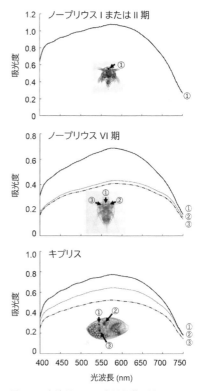

図 3.3 光波長による成長段階の異なるシロスジフジツボ幼生の単眼と複眼の吸光度の変化（Kim et al., 2021b）

ことが明らかになりつつある．以下では，付着生物の幼生が示す光応答について，光環境（波長と強度）および視色素の吸光度と関連づけて説明する．最後に，光照射を利用する環境に負荷の少ない防汚システムの開発や天然採苗技術の改良について考察する．

2.3.2 幼生の走光性

光が存在する環境に生息する生物の視覚器官は，一般的に光波長により異なる吸光度を示す特徴があり，これは各光波長に対する感度の違いを意味する．前述のように，光環境と帯状分布の関連性を解明するためには，光波長と強度に応じた幼生の行動パターン（走光性）や着生行動を調べる必要がある．

付着生物の幼生は，光波長と強度により異なる走光性パターンを示すことがあ

る．この現象には，視覚器官の各光波長に対する感度が関連していることがわかってきている（Kim et al., 2021a, b）．筆者らは光波長［近紫外線（ピーク波長 375 nm），青（470 nm），白（460，570 nm），緑（525 nm），赤（660 nm），近赤外線（735 nm）］と強度（近紫外線と可視光線は 5，15，25 W/m^2；近赤外線が 25，50，100 lx）の異なる光（Light Emitting Diodes：LEDs）を照射し，走光性に生じる変化について研究を行ってきた．マガキの着生期の幼生は，眼点の吸光度が高かった赤色（図 3.2），弱光の LED の照射下で強い正の走光性を示した（Kim et al., 2024）．一方で青色光では，他の光波長に比べて負の走光性を示す個体が多く出現した．赤と青以外の可視光線および近紫外線と近赤外線の LED 照射では，明確な走光性のパターンが観察されなかった．一方，成長の過程で新たな視覚器官が出現（単眼に加えて複眼が出現）するシロスジフジツボ幼生の場合，単眼と複眼の間で光波長に対する吸光度のパターンは変わらないが，複眼は発生の進行に伴って吸光度が上昇し，着生期に最大値となる（図 3.3）．上記の光条件で，親個体から放出されたノープリウス I 期と II 期の幼生の走光性を調べた実験では，近紫外線の光照射条件において強い負の走光性が観察された．また，近紫外線以外の光照射条件においては，正と負の走光性を示す個体が同程度存在していた（Kim et al., 2021b）．さらにノープリウス VI 期では，近紫外線以外の全ての光条件において，正の走光性を持つ個体の割合が多くなり，光感度の高い複眼が出現する影響であることが示唆された．また，幼生が示す正の走光性は，複眼が発達するキプリス期で最も強くなった．シロスジフジツボは，潮間帯上部に生息する種である（山口，1983）．シロスジフジツボはノープリウス期初期には幅広い水深に分布しているが，複眼の出現に伴って生じる強い正の走光性を利用して潮間帯上部に向かって移動し帯状分布の形成に貢献する可能性がある．

2.3.3　光と付着生物の分布

前項で紹介してきたように，潮間帯の異なる潮位に分布する付着生物の幼生が持つ視覚器官は，光波長に対する感度（吸光度）が異なり，その特徴によって幼生の走光性パターンが変化することが報告されている．また，幼生の着生にも影響を与えることがわかってきた（Kim et al., 2021a, b）．潮間帯に分布するマガキでは，正の走光性を持つ個体の割合が高かった赤色光の照射下で活発に着生した．一方，青色光では光の強度を強くすると負の走光性を示す個体が多くなり，着生率は減少した．こういった着生期幼生における光波長や強度に対する反応の

違いは，幼生が分布する水深や着底場所の選択に関わっていると考えられる．海に照射される太陽光は幅広い波長帯を含むが，可視光線の中では紫〜青色光は赤色光より水分子による吸収が少なく深層まで透過する．赤色光は，可視光の中でも水分子に比較的吸収されるため浅い水深までしか到達できない．これらのことから，マガキ幼生は次のように赤色光と青色光を利用することが推察される（図3.4左）．正の走光性を利用し，赤色光の強度が弱くなる水深まで下降移動するが，相対的に青色光を強く感じられる水深になると負の走光性を利用して上昇移動する．これらの過程をくり返して一定水深を維持し，赤色光が存在する水深で着生する．潮間帯上部に分布するシロスジフジツボの場合，発生の過程で異なる視覚器官を機能させて幼生期後期に表層に移動し，潮間帯上部への着生に至る（図3.4右）．単眼と複眼の特徴により，各光波長に対する走光性のパターンは発生段階により異なるが，着生行動については，弱い光でも多くの個体が正の走光性を示した青色光で促進される．反面，ノープリウスI期とII期の幼生は，同じ光照射条件下であっても正または負の走光性を示す個体が存在する．海流の向きは水深によって変化する場合があり，正の走光性を示す個体は表層海流を利用し，負の走光性を持つ個体は，表層海流と流向の異なる水深まで下降移動し，もとの個体群の維持と長距離分散の両方を可能にしているのかもしれない．その後，着生期に近くなると，フジツボ幼生は青色光に対する正の走光性を利用して上昇移動し，着生すると考えられる．これらのことから，光波長による異なる視覚器官

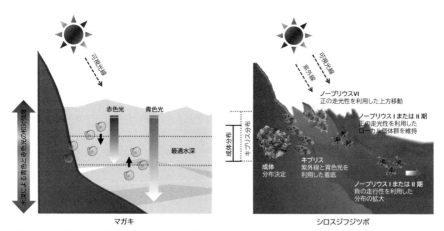

図3.4 光を用いたマガキ（左，Kim et al., 2024）とシロスジフジツボ（右，Kim et al., 2021b）の着生メカニズム

の感度が走光性パターンや着生行動に影響し，潮間帯に生息するカキ類とフジツボ類の分布水深に差が生じている可能性がある．今後は野外での調査研究を通じて本仮説を検証していく必要がある．

2.3.4 光と着生制御

人工的光照射による着生行動の制御は，多方面での応用が期待できる．付着生物には，水産有用種も多数含まれているが，これらの種であっても船底，ブイ，養殖網やロープなどに着生し，経済的被害をもたらすと汚損生物として扱われる．現在，付着生物の着生を抑えるために防汚塗料が汎用されているが，これらの塗料に含有されている化学物質は，ターゲットの生物のみならずほかの生物にも影響を与えるため，生態系全体における悪影響が懸念されている．一方，光を用いた付着生物の着生を抑制する方法は，その影響が局所的であり，対象表面のみ着生を防ぐことが可能となる．対象とする付着生物の幼生の着生率を減少させる光条件を局所的に用いることで，環境に負荷の少ない防汚システムを構築することが可能になると期待できる．

水産有用種の種苗生産に光を利用する取り組みにも応用可能かもしれない．マガキは，世界各地で養殖されている付着生物であるが，種苗は自然から得ることが主流である．近年は，地球規模で進行している温暖化や海洋汚染などの環境問題により天然種苗の不足による採苗の不調が続いて，これらの現象は悪化すると予測されている（Fujii et al., 2023）．ここでも幼生の光応答を利用した解決法が考えられる．特定の光条件は，マガキ着生期幼生を誘引して着生を促す効果があったため，その光条件を用いた天然採苗技術の効率化が期待できる．しかし，マガキより深層に分布するイワガキ（Hu et al., 2023）など生息深度の異なる水産有用種に対し，マガキで得た結果をそのまま適用することは難しい．これらの種に対しても，着生期幼生の眼点が効率よく吸収する光波長，さらに光波長と強度に対する幼生の応答や着生行動パターンを調査した上で，光を利用した天然採苗技術の改良が可能になると考えられる．

光に対する付着生物幼生の行動の知見は限られているものの，環境負荷の少ない行動制御の方法として注目されている．付着生物幼生の光応答に関する知見のさらなる蓄積によって，海洋生態系の理解が進み，その特徴を応用することにより持続可能な社会の構築に貢献することができるだろう．

〔金　禧珍・サトイト グレン〕

文　献

Cole, H. A. (1938). The fate of the larval organs in the metamorphosis of *Ostrea edulis*. J. Mar. Biol. Assoc., 22, 469-484.

Foster, B. A. (1971). Desiccation as a factor in the intertidal zonation of barnacles. Mar. Biol., 8, 12-29.

Fujii, M., R. Hamanoue, L. P. C. Bernardo, T. Ono, A. Dazai, S. Oomoto, M. Wakita and T. Tanaka (2023). Assessing impacts of coastal warming, acidification, and deoxygenation on Pacific oyster (*Crassostrea gigas*) farming: a case study in the Hinase area, Okayama Prefecture, and Shizugawa Bay, Miyagi Prefecture, Japan. Biogeosciences, 20, 4527-4549.

Hodin, J., M. C. Ferner, A. Heyland and B. Gaylord (2018) I feel that! Fluid dynamics and sensory aspects of larval settlement across scales. In: Evolutionary ecology of marine invertebrate larvae, eds. T. J. Carrier, A. M. Reitzel and A. Heyland, Oxyford University Press: New York, Chapter 13, pp.190-207.

Hurlbut, C. J. (1991). Community recruitment: settlement and juvenile survival of seven co-occurring species of sessile marine invertebrates. Mar. Biol., 109, 507-515.

Hu, Y., Q. Li, C. Xu, S. Liu, L. Kong and H. Yu (2023). A comparative Study on the difference in temperature and salinity tolerance of *Crassostrea nippona* and *C. gigas* Spat. J. Mar. Sci. Eng., 11, 284.

Kim, H.-J., Y. Suematsu, H. Kaneda and C. G. Satuito (2021a). Light wavelength and intensity effects on larval settlement in the Pacific oyster *Magallana gigas*. Hydrobiologia, 848, 1611-1621.

Kim, H.-J., T. Araki, Y. Suematsu and C. G. Satuito (2021b). Ontogenic phototactic behaviors of larval stages in intertidal barnacles. Hydrobiologia, 849, 747-761.

Kim, H.-J., S. Umino and G. Satuito (2024). Light wavelength and intensity effects on larval phototaxis in the Pacific oyster *Crassostrea gigas* (Thunberg, 1793). Hydrobiologia, https://doi.org/10.1007/s10750-024-05601-7

Köhler, J., P. D. Hansen and M. Wahl (2009). Colonization patterns at the substratum-water interface: how does surface microtopography influence recruitment patterns of sessile organisms? Biofouling, 14, 237-248.

Matsumura, K. and P.-Y. Qian (2014). Larval vision contributes to gregarious settlement in barnacles: adult red fluorescence as a possible visual signal. J. Exp. Biol., 217, 743-750.

Pineda, J. (2000). Linking larval settlement to larval transport: assumptions, potentials, and pitfalls. Oceanogr. East. Pacific, I, 84-105.

Qian, P.-Y., S. C. K. Lau, H.-U. Dahms, S. Dobretsov and T. Harder (2007). Marine biofilms as mediators of colonization by marine macroorganisms: implications for antifouling and aquaculture. Mar. Biotechnol., 9, 399-410.

Sedanza, M. G., H.-J. Kim, X. Seposo, A. Yoshida, K. Yamaguchi and C. G. Satuito (2021). Regulatory role of sugars on the settlement inducing activity of a conspecific cue in Pacific oyster *Crassostrea gigas*. Int. J. Mol. Sci., 22, 3273.

Sedanza, M. G., A. Yoshida, H.-J. Kim, K. Yamaguchi, K. Osatomi and C. G. Satuito (2022). Identification and characterization of the larval settlement pheromone protein components in adult shells of *Crassostrea gigas*: A novel function of shell matrix proteins. Int. J. Mol. Sci., 23, 9816.

Strathmann, R. (1974). The spread of sibling larvae of sedentary marine invertebrates. Am. Soc. Natur., 108, 29-44.

Wheeler, J. D., E. Luo, K. R. Helfrich, E. J. Anderson, V. R. Starczak and L. S. Mullineaux (2017). Light stimulates swimming behavior of larval eastern oyster *Crassostrea virginica* in turbulent flow. Mar. Ecol. Prog. Ser., 571, 109-120.

Wilson, D. P. (1937). The influence of the substratum on the metamorphosis of *Notomastus* larva. J. Mar. Biol. Assoc. UK., 22, 227-243.

Wu, C., Q. Jiang, L. Wei, Z. Cai, J. Chen, W. Yu, C. He, J. Wang, W. Guo and X. Wang (2018). A rhodopsin-like gene may be associated with the light-sensitivity of adult Pacific oyster *Crassostrea gigas*. Front. Phys., 9, 221.

Zhang, X., C. Fan, X. Zhang, Q. Li, Y. Li and Z. Wang (2021). Effects of light intensity and wavelength on the phototaxis of the *Crassostrea gigas* (♂) and *Crassostrea sikamea* (♀) hybrid larvae. Front. Mar. Sci., 8, 698874.

山口寿之（1983）．神奈川県の潮間帯フジツボ群集―その2―．神奈川自然誌資料，4，51-55.

Column 2　クラゲ類の生活史からみえてくること

　付着生物は付着しないと生きてゆけない．付着という現象が，付着生物の生死を分けることになる．そのため，付着生物の生活史において，付着するということが非常に重要になってくる．ここでは，浮遊生活と付着生活の両方の生活型を持つ刺胞動物門のクラゲ類の生活史を順に追うことで，付着生活だからこそ見られる現象について紹介する．

　刺胞動物門において，浮遊生活するクラゲ類には，オワンクラゲなどのヒドロ虫類，ミズクラゲなどの鉢虫類，アンドンクラゲなどの箱虫類がある．これらの生活史には，浮遊生活をして有性生殖をするクラゲのステージと，付着生活をして無性生殖を行うポリプのステージがある（図1）．クラゲのステージで有性生殖により形成されるプラヌラは，プランクトン幼生の一種であり，それぞれの種に応じた着生基質を探索して付着する．プラヌラは，付着という刺激が引き金となり，ポリプへと変態する．ポリプは，無性生殖によりクローンのコロニーを形成する．ヒドロ虫類では，同種の別コロニーと接触するところに，攻撃用のポリプが出現したり，逆にコロニーが融合したりすることが知られている（Namikawa et al., 1992; Nicotra, 2022）．アマクサクラゲのポリプと同所的に生息しているミズクラゲのポリプは，ア

マクサクラゲのポリプを捕食する（Miyake et al., 2004）．さらに，ミズクラゲのポリプは飢餓状態になると，自らが無性生殖をしたクローンではなく，非クローンを選択的に捕食する（三宅，1999）．また，ミズクラゲのポリプは，同種のプラヌラやエフィラも捕食する．しかし，ミズクラゲも成長して浮遊生活するクラゲステージになると同種内の捕食が観察されなくなる．同じく刺胞動物のサンゴやイソギンチャクでは，スウィーパー触手やキャッチ触手，アクロラジのような攻撃用の触手で同種や異種を排除し，生息場所の確保を行うものがいる (Ayre and Grosberg, 2005; Francis, 1973a, b; Hidaka and Yamazato, 1984; Williams, 1991)．ヒダベリイソギンチャクでは，同性のコロニーの間ではお互い攻撃し合い，コロニーの間に空間ができるが，異性のコロニーであったら攻撃しない (Kaplan, 1983)．これらのことを考慮すると，浮遊生活するクラゲは自由に動けるため，生息空間，餌や配偶者などの資源を求めて移動できるが，ポリプは付着生活をするからこそ，それらの確保のために捕食や攻撃などの現象が生じると思われる．

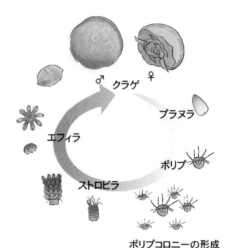

図1　ミズクラゲの生活史

　前述したように，ポリプは成長するとクラゲを形成し浮遊生活へと移る．ヒドロ虫類ではクラゲ芽が生じ，鉢水母類ではストロビラが形成される．水温や塩分の変化などの刺激により，季節的にクラゲが出現する．これらの刺激に加えて，餌の不足や生息環境の悪化などでクラゲの形成が加速される．これは，移動できないポリプが悪環境で耐えるより，自由に移動できるクラゲになり悪環境から逃れる戦略だと思われる．また，沿岸域では大雨などにより急激に塩分が下がることもあり，気温も日変化，季節的変化が大きい．付着して移動できないポリプは，それらの変化に耐え忍ぶしかないが，クラゲは好適な環境に移動することができる．このことから，クラゲよりもポリプのほうが塩分や温度変化などの環境変化に耐える能力が大きくなっている（三宅・柿沼，2009）．

　以上のように，クラゲ類を見ただけでも，付着しないと生きてはゆけない生物たちが，付着生活する有利な点や不利な点を上手く使って適応してきた結果の生活史を持つことがわかる．付着生物の生活史は付着期だけを見ていても，よくわからな

いことが多いが，移動ができる時期も含めて見ることで，付着生物の生活史の意味がよく理解できる．生活史の研究をしていると，その生物がいかに生きるか，何があっても生きようとする生物たちの生命力に驚かされる．生物たちはすごい！　残念ないきものはいない！　と感じる．　　　　　　　　　　　　　　〔三宅裕志〕

文　献

Ayre, D. and R. Grosberg (2005). Behind anemone lines: factors affecting division of labour in the social cnidarian. Anim. Behav., 70, 97-110.

Francis, L. (1973a). Clone specific segregation in the sea anemone *Anthopleura elegatissima*. Biol. Bull., 144, 64-72.

Francis, L. (1973b). Intraspecific aggression and its effect on the distribution of *Anthopleura elegantissima* and some related sea anemones. Biol. Bull., 144, 73-92.

Hidaka, M. and K. Yamazato (1984). Intraspecific interactions in a scleractinian coral, *Galaxea fascicularis*: induced formation of sweeper tentacles. Coral Reefs, 3, 77-85.

Kaplan, S. W. (1983). Intrasexual aggregation in *Meteridium senile*. Biol. Bull., 165, 416-418.

Miyake, H., J. Hashimoto, M. Chikuchishin and T. Miura (2004). Scyphopolyps of *Sanderia malayensis* and *Aurelia aurita* attached to the tubes of vestimentiferan tube worm, *Lamellibrachia satsuma*, at submarine fumaroles in Kagoshima Bay. Mar. Biotechnol., 6, S174-S178.

Namikawa, H., S. F. Mawatari and D. R. Calder (1992). Role of the tentaculozooids of the polymorphic hydroid *Stylactaria conchicola* (Yamada) in interactions with some epifaunal space competitors. J. Exp. Mar. Biol. Ecol., 162, 65-75.

Nicotra, M. L. (2022). The *Hydractinia* allorecognition system. Immunogenetics, 74, 27-34.

Williams, R. B. (1991). Acrorhagi, catch tentacles and sweeper tentacles: a synopsis of 'aggression' of actiniarian and scleractinian Cnidaria. Hydrobiologia, 216/217, 539-545.

三宅裕志 (1999). ミズクラゲの生活と環境. Sessile Organisms, 16, 5-16.

三宅裕志・柿沼好子 (2009). 鉢水母類の2種の塩分環境適応能力. 月刊海洋, 41, 393-400.

第3章
付着のしくみと付着防除技術

3.1 化学と物理からみた付着のしくみ

　物体の表面には物をくっつける性質がある．たとえば，コンタクトレンズに触れた涙は濡れ広がる（濡れ現象）．また，港の岸壁や船体に対してフジツボや海藻などの付着や，ホタテの貝殻へのカキ幼生の付着が起こる（金子ら，2010；火力原子力発電技術協会，2014；日本付着生物学会，2006）．このように濡れ現象や付着現象の例を挙げると日常生活レベルから生物の世界まで枚挙にいとまがない．ここで注目したいのは表面が物をくっつける性質があるということは，表面には物を引っ張る力が働くということである．この力を表面張力と呼ぶが，なぜ表面にはそのような力が働くのであろうか？　この点を理解することが本節の目的である．少し遠回りになるが，力と仕事と位置エネルギーという観点から考えてゆき，生物付着の物理化学的な理解まで紹介したい．

3.1.1　表面は体積と違う

　表面と体積（バルクともいう）では物理的・化学的な性質が異なる（たとえば，反応しやすさなど）．たとえば，石炭を燃焼させることを考えよう．大きな石炭の塊だと表面から中心部に向かって穏やかに燃焼が進むが，微粒子にした石炭は爆発的に燃焼する（粉じん爆発）（八島，2019）．爆発とは瞬間的に起きる酸化反応である．体積が非常に少ない微粒子の表面で燃焼が起きると体積部分は瞬時に燃え尽きると同時に，ほかの微粒子の燃焼も連鎖的に起こって粉じん爆発が起きる．金属粉でも同様に粉じん爆発が起こる（榎本，2019）．このように小さな世界では，物体の体積よりも表面の働きが目に見える現象としてあらわになる．ガラス

に広がる水滴の濡れや路面とタイヤとの摩擦，固体とボンドとの接着は全て表面（界面）[*1] で起こる現象であり，付着生物の水中接着もこれに含まれる．このような私たちの身の回りで見られる表面の働きの原因となっている表面張力について次項以降で考えてゆきたい．

3.1.2 二つの物体の間に働く力（万有引力）と位置エネルギー

最初に，表面張力の理解の基礎となる力・仕事・エネルギーの概念について簡単に紹介したい．まず力は質点（質量を持つ物体）の等速度運動を変化させる原因と説明される．速度の変化率のことを加速度 a といい，速度変化の大きさに相当する（$a=\Delta v/\Delta t$, Δv は変化した速度，Δt は速度変化に要した時間）．質点の質量を m とすると，力 F は以下の（1）式で与えられる[*2].

$$F=ma \qquad (1)$$

一方で質量を持つすべての物体の間には引き合う力が生じる．この力を万有引力（universal gravitation：F_{uni}）という．重心距離が r（m）だけ離れた2つの物体（質量が M（kg）と m（kg））の間に働く万有引力は以下のような関係式になる（力の単位は N（ニュートン））．

$$F_{uni}=-G\frac{Mm}{r^2} \qquad (2)$$

G は万有引力定数と呼ばれる定数で，宇宙のどこに行っても同じ値である．（2）式の右辺の負の記号は引力の意味である．（2）式に地球の質量と半径をそれぞれ M と r に代入すると，$-GM/r^2$ は（1）式において引力が働くときの加速度 a に相当し，地表付近の物体（質量 m（kg））に働く下向きの重力加速度（$-g$）になる（$F_{uni}=-mg$）．

さて，2つの物体の間に働く力と運動がどうして生じるのかを理解するためには，仕事（work）や位置エネルギー（potential energy）という考え方が有用である．まず，仕事とは物体に力を加えて移動させたり，物体の表面をへこませたりすることである（仕事＝力×距離）．エネルギー（energy）とは仕事の能力のことである．たとえば樹の上からリンゴが落ちると地面（地球の表面）をへこませる

[*1] 異なる相が接する境界を界面という．物質が気相と接している場合，その境界面を表面という．界面で働く張力は界面張力という．

[*2] 力と加速度は大きさと方向の二つを考えなければならないので，物理記号の上に右矢印をつけたベクトルで表す（$\vec{F}=m\vec{a}$ となる）．

（地面を移動させる）ことができるので，リンゴは樹の上にあるだけで潜在的に地面に対して仕事をする能力を持っていることになる．このように，その位置にあるだけで仕事をする能力を持っているということを位置エネルギーと呼ぶ．エネルギーにはさまざまな形態があるが，中でも位置エネルギーが力と運動の原因となる．後でも説明するが，分子レベルの位置エネルギーは表面張力と関係している．

位置エネルギーとは何か．具体的に考えてみよう．エネルギーとは仕事をする能力のことなので，物体に重力が力として働き，移動させる距離を考えるとよい．無限に遠い位置（∞）の位置エネルギーをゼロの基準とすると[*3]，地面（地球）から距離 r（m）だけ離れたリンゴが持つ位置エネルギー U_{uni} は，万有引力 F_{uni} を積分した（3）式で表される．

$$U_{uni} = -\int_{\infty}^{r} F_{uni} dx = -G\frac{Mm}{r} \tag{3}$$

（3）式のエネルギーと位置の関係性を図1.1のようにグラフ化すると，地球とリンゴの間の位置エネルギーの見通しが良くなる．図1.1左が全体図で，地表付近（r が地球の半径 R_E 付近）を拡大したのが右の拡大図である．地面から距離 r だけ離れたリンゴに働く引力は（4）式のように U_{uni} の変化の割合（$\Delta U_{uni}/\Delta r$）に負の符号をつけたものと等しい．後述するように（4）式は力や運動が位置エネルギーによって生じることを意味する物理学では大変重要な関係式である．

$$F_{uni} = -\frac{\Delta U_{uni}}{\Delta r} = -\frac{dU_{uni}}{dr} \tag{4}$$

大変興味深いが，図1.1右の拡大図で示されるように地表付近の位置エネルギーは曲線というよりも直線になるので，1次関数で置き換えて考えてよい．このとき，地面からの高さ h を新たな横軸にとり，縦軸に位置エネルギーをとって，ゼロの基準を地面にとると，地表付近では（3）式は（5）式に近似され，高校物理で習った位置エネルギーの式になる．

$$U_{uni} = mgh \tag{5}$$

---

*3 位置エネルギーは相対的な概念なので，位置の基準が必要となる．無限遠 ∞ をゼロとし，地球に近づける方向（基準点より下の位置なのでマイナスの値）で積分を行っている．一方の質点の中心で位置エネルギーをゼロとしてもよいが，無限遠 ∞ の距離でゼロになったほうがグラフも見やすくなり，物理学的に扱いが楽になる．

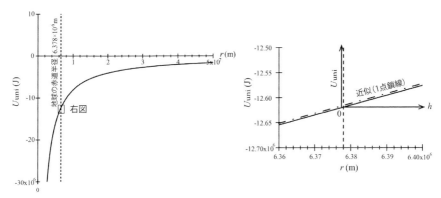

図1.1 (左) リンゴと地球の間の距離と位置エネルギー (実線) の関係, (右) 地表付近の関係性の拡大図と直線近似 (1点鎖線)
万有引力定数 $G=6.7\times10^{-11}$ N・m²・kg^{-2}, 地球の質量 $M=5.9\times10^{24}$ kg, リンゴの質量 $m=0.2$ kg として計算. 地面 (地球の赤道半径:6378 km) を縦の点線で示した.

3.1.4 運動と重力, 運動と位置エネルギーの関係

位置エネルギーの高いところから低いところに物体が移動するときに, 運動と力が生じる. 物理学では位置エネルギーが運動と力の原因になると考える. 本項では, 力, 運動, 位置エネルギーがお互いにどのように関係するかということについて図1.2を用いながら説明する.

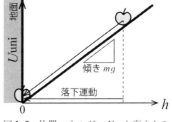

図1.2 位置エネルギー U_{uni} と高さ h の関係

図1.2は図1.1の右図の点線を模式的に書き直したものである. 位置エネルギーの高さに対する依存性は, 原点を通る1次関数の形になっている. リンゴはエネルギーの斜面に沿って滑り落ちて最後に地面に接するところまで移動する. 地面に落ちたリンゴは地面を貫通して地球の中心に向かって移動することはないので, これ以上リンゴの位置エネルギーが変化することはない. これ以上の変化がない状態をエネルギー的に安定しているという. 地面にリンゴが留まることを便宜的に表現するために, 地面を灰色のエネルギーの壁で書いている. リンゴの落下後 ($h=0$) から落下前 ($h=h$) の位置エネルギーを差し引いた位置エネルギーの変化 ΔU_{uni} は以下の (6) 式のように表される.

$$\Delta U_{\mathrm{uni}} = 0 - mgh = -mgh < 0 \qquad (6)$$

（6）式で示されるようにあらゆる自然現象は位置エネルギーが減少する方向に変化する（買い物（仕事）をするとお金（エネルギー）が減るのと同じ）．

また，図1.2で高さの変化 Δh が $\Delta h = 0 - h = -h$ と求められるので，（6）式中の $-h$ を Δh に置き換えると（6）式は（7）式になる．

$$\Delta U_{\mathrm{uni}} = -mgh = mg\,\Delta h \tag{7}$$

さらに，（7）式の両辺を Δh で割って，U_{uni} の変化の割合（$= \Delta U_{\mathrm{uni}}/\Delta h$）を考えると（7）式は（8）式になる．ここで $+1 = (-1)\times(-1)$ であることを考えると，U_{uni} の傾きと F_{uni}（または重力 $F_g = -mg$）と関係づけることができる．

$$\frac{\Delta U_{\mathrm{uni}}}{\Delta h} = +mg = -1 \times (-1) \times mg = -F_g = -F_{\mathrm{uni}} \tag{8}$$

Δh と ΔU_{uni} の大きさを無限小に近づけていくと，dh と dU_{uni} になることから，

$$\frac{dU_{\mathrm{uni}}}{dh} = -F_g = -F_{\mathrm{uni}} \tag{9}$$

（9）式は位置エネルギーの変化の割合によって力が発生し，その結果，落下運動が生じることを説明できることを意味している．（9）式を整理すると（10）式となり，h を r に読み替えると前述の（4）式と同じ関係式になる．

$$F_{\mathrm{uni}} = F_g = -\frac{dU_{\mathrm{uni}}}{dh} \tag{10}$$

以上のように，位置エネルギーという概念を用いると，位置エネルギーの高いところから低いところへと移動する際に物体に運動が生じ，そのときに物体に作用する力や加速度も発生することがわかる．上記では万有引力（重力）で考えたが，他の力でも位置エネルギーと同じ関係式が成り立つ．

3.1.5 表面張力の原因：表面部分の分子の位置エネルギー

自然を見渡すと，リンゴが落下して地面と接しているように，大抵のものはくっついている．たとえば，ガラス窓にはゴミやホコリがくっついているし，原子と原子もくっついて分子を形成している．位置エネルギーや引力の作用はリンゴと地球のような巨視的なレベルの話に限ったものではなく，微視的なレベルでも同じで原子間に引力が働き分子が形成されるときにも同じ考え方が適用できる．さらに分子と分子の間にも引力が働いて，液体や固体に相当する分子の集合体が形成されている．

さて，冒頭で表面と体積は違うという例を挙げたが，ここでは体積中の水分子

3.1 化学と物理からみた付着のしくみ

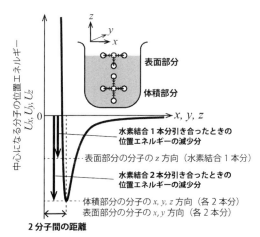

図 1.3 水分子の位置エネルギー
表面部分にある水分子は z 方向では分子 1 個としか引き合っていないため，位置エネルギーの一番低いところまで落ちていない．

と表面に存在する水分子の位置エネルギーの違いを考えたい．表面張力の原因は位置エネルギーの違いで理解できる．図 1.3 にコップに入った水の体積部分にいる水分子と表面部分の水分子の位置エネルギーを示す．実際には，体積部分にいる水分子は周囲の全方向にある水分子と水素結合で引き合っているが，図 1.3 ではわかりやすくするため，体積部分の水分子は x 方向，y 方向，z 方向にある分子 (合計 6 個) と引き合っていると考える．また，各方向の位置エネルギーを U_x, U_y, U_z としている．体積部分にいる水分子を中心として各方向 (x, y, z) で向こう側とこっち側の 2 個の水分子と水素結合で引き合っているので (合計 6 本)，水素結合 2 本分ずつの位置エネルギーが減少することになる (リンゴに置き換えると 2 倍の位置エネルギー $2mgh$ に相当する)．図 1.3 で見た場合，体積部分にいる水分子の位置エネルギーは曲線の窪みにある．

それでは，表面部分にいる水分子はどうか．表面部分の水分子の x 方向と y 方向では両隣の分子と水素結合で引き合っているので，U_x, U_y の減少分は体積部分の分子と同様にそれぞれ水素結合 2 本分ずつである．しかし，z 方向では片方は空気と接しているため，U_z の減少分は水素結合 1 本分しかない．このため，相手を引っ張るための手 (仕事をする能力＝エネルギー) が 1 本余っている状態である (後述の図 1.5 で説明)．この空いている手が表面張力をつくりだしている原因である．

3.1.6 表面張力の実験

それでは表面張力が実感できる簡単な実験を紹介するので，思考実験してみてほしい．まず，図1.4（a）のように最初に金属棒をコの字に折り曲げる（ドゥジェンヌら，2008；井本，1992）．コの字の幅を w（m）とする．また，別に用意した金属棒の両端に環をつくり，コの字の枠にはめて可動枠とする．この状態でセッケン水の中に入れて引き上げると，閉じた部分にセッケン水の膜ができるだろう．セッケン水の膜の面積を広げるためには可動枠を引っ張る．このとき，引っ張る力の大きさを F（N），可動枠の移動距離を x（m），セッケン水の表面張力を γ（N/m）[*4]，膜の面積を S（m^2）する．セッケン水の膜を広げるとき，セッケン水の膜が張られた可動枠を動か

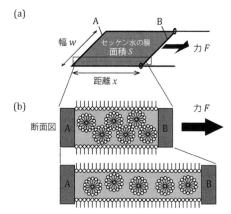

図1.4 （a）セッケン水の膜を広げる実験の模式図，（b）セッケン水の膜の断面図（上：広げる前，下：広げた後），（c）界面活性剤分子（左）とミセル構造（右）の模式図

表面には界面活性剤分子の疎水部を空気の方に向けて密に配列しており，体積部分にはミセル構造が存在している．

すので，仕事 W（J）を考えることができる．物理量の単位に注意してセッケン水の膜を広げるときの仕事を考えると次のようになる．

$$W = 2Fx = 2\gamma wx = 2\gamma \times (wx) = 2\gamma S \tag{11}$$

右辺に"2"がついているのは，セッケン水の膜の上面と下面を考えているからである．リンゴを持ち上げる仕事をするとリンゴに位置エネルギー（mgh）が与えられることと同様に，セッケン水の膜を広げる仕事をすると，セッケン水の膜に与えられる位置エネルギー U_film は（12）式になる（図1.2の mgh の考え方と同じ）．

$$U_\text{film} = 2\gamma wx = 2\gamma S \tag{12}$$

[*4] 表面張力 γ（N/m）は単位長さあたりの力という意味である．一方，分母と分子にそれぞれ m を掛けると，表面自由エネルギー（J/m^2）となり（J＝N×m），単位面積あたりのエネルギーという意味になる．

可動枠から手を離すと，セッケン水の膜の面積は減少する．理想的に $S=0$ となったとき，$U_{\text{film}}=0$ となる．このときの位置エネルギーの変化 ΔU_{film} は以下のようになる．

$$\Delta U_{\text{film}}=0-2\gamma S=2\gamma S<0 \tag{13}$$

このように（6）式（リンゴの落下運動）同様，あらゆる自然現象は位置エネルギーが減少する方向に自発的に起きる．

3.1.7 付着とセッケン水の膜と位置エネルギー

ここで表面への付着と位置エネルギーと表面張力の関係を整理してみたい．図1.5左では水の表面に粒子（水中の有機物や生物が分泌する接着物質などもこれに当てはまる）が上から付着する様子を描いた．表面の水分子の空気側には相手を引っ張る手（余剰の位置エネルギー）があり，粒子の表面にも相手を引っ張る手がある．粒子が水表面の分子に近づくと，お互いに相手を引っ張る手をつないで付着した状態になる．付着に寄与した水分子と粒子の間の位置エネルギーは，地面に落ちたリンゴと同じ状態なので，位置エネルギーは図1.3のリンゴの位置エネルギーと同じ考え方でよい．付着の位置エネルギー U_{adhesion} は図1.5左図の表面にいる分子と体積にいる分子の U_z の差に等しい．U_z（U_{adhesion}）の窪みの右側の急峻な傾きを直線で近似すると表面全体の分子の位置エネルギーは以下の（14）式になる．$U_z=0$ の基準を体積部分の水分子にとっている（地面にあるリンゴの位置エネルギーをゼロに取っていて，（5）式の $U_{\text{uni}}=mgh$ になるのと同じ扱い）．

$$U_z=U_{\text{adhesion}}\sim(\gamma_{\text{w}}+\gamma_{\text{p}}-\gamma_{\text{wp}})Dz\sim(\gamma_{\text{w}}+\gamma_{\text{p}}-\gamma_{\text{wp}})Dl \tag{14}^{*5}$$

（11）式において，セッケン水膜上面と下面の表面張力 γ は同じ値として考えたが，（14）式では，水（water）と粒子（particle）と粒子が濡れたとき（water-particle）の表面張力をそれぞれ γ_{w}，γ_{p}，γ_{wp} としている．γ_{wp} は γ_{w} と γ_{p} の間の値になるが，わかりやすくするために以下の議論では無視する．（11）式におけるコの字型の幅 w および可動枠の距離 x を（14）式ではそれぞれ微粒子の直径 D，z 方向の距離 z で置き換えた．さらに微粒子が水分子の大きさの数倍程度の距離（l）まで近づくと引っ張り合う力が急激に強くなるので $z\sim l$ であるとした．なお，（14）式の z と l は強調したい物理量が違うだけで同じ意味である．また，Dz と

＊5　（14）式中の "$\sim$" はだいたい等しいという意味の等号で，物理量の桁はあっているだろうという意味で用いている．（14）式を導く考え方は厳密なものではないが，このような考え方をすると現象を理解しやすくなる．

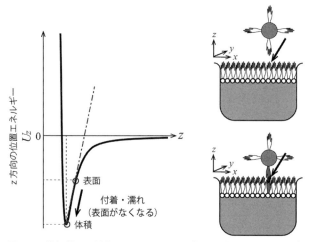

図 1.5 (左) 粒子が付着したときの水分子 (右列で矢印を示した分子) の位置エネルギーの変化. 一点鎖線は位置エネルギーの傾きを示している. (右上) 粒子が付着する前の表面の水分子の状態. (右下) 粒子が付着したあとの水分子の状態. 図中の灰色の手は粒子と引き合っていることを示している.

Dl はともに粒子直径×距離であり, 面積に相当する. このように考えると, 図 1.5 右上から右下に示したような付着の前後の位置エネルギーの変化 $\Delta U_{\mathrm{adhesion}}$ は,

$$\Delta U_{\mathrm{adhesion}} = 0 - (\gamma_{\mathrm{w}} + \gamma_{\mathrm{p}})Dl = -(\gamma_{\mathrm{w}} + \gamma_{\mathrm{p}})Dl < 0 \tag{15}$$

となり, (6) 式と (13) 式と同様に付着現象は位置エネルギーが減少する方向で進むことがわかる. エネルギー曲線の傾きは力の大きさに対応するので, 図 1.5 左で, (14) 式と (15) 式を使うと, 付着力 F_{adhesion} は次のようになる.

$$F_{\mathrm{adhesion}} = -\frac{dU_{\mathrm{adhesion}}}{dz} = -\frac{dU_{\mathrm{adhesion}}}{dl} = -(\gamma_{\mathrm{w}} + \gamma_{\mathrm{p}})D < 0 \tag{16}$$

ここで, $F_{\mathrm{adhesion}} < 0$ であることから, 水と粒子が引き合ってくっつくことがわかる ($F<0$, 引力＝付着).

3.1.8 生物付着と表面張力

以上が物理化学的な視点からみた付着の基本的な考え方である. 付着や濡れを引き起こす表面張力の原因は表面分子がもつ相手を引っ張る手 (余剰の位置エネルギー：表面自由エネルギー) が原因であった. 本節のこれまでの説明では, 表面は空気と接しているとして考えた. 他方, フジツボや海藻などは海中でも船体

や岸壁に付着しているので，海水中でも表面張力（界面張力）が働いていることがわかる．しかし，海中（液中）では海水の表面張力によって固体表面の表面張力が減少させられる（イスラエルアチヴィリ，2013；森崎，1991）．

また，水中では空気中では起きなかった複雑なことも起きる．液体に濡れる固体表面にはファンデルワールス（vdW）相互作用と呼ばれる分子間相互作用が働き（双極子-双極子相互作用，誘起効果，ロンドン効果），さらに電荷を帯びている表面には反対の電荷をもつイオンが表面近傍に分布するようになる（電気二重層の形成）．このvdW相互作用と電気二重層のために，水中の固体表面近傍にはエネルギーの山が形成され（DLVO理論）（イスラエルアチヴィリ，2013；森崎，1991），空気中よりも簡単に物が付着することができない．言い換えると，このエネルギーの山を登って向こう側に下りないと付着生物や海藻は表面に付着できない．付着生物は付着物質を出して（Ohkawa et al., 2000；紙野，2004）船体などの表面近傍に一定時間滞在することで，確率的にエネルギーの山を乗り越えて，最終的に付着していると考えられる（森崎，1991）．その中でも，フジツボの水中接着タンパク質Mrcp-20kを基につくられたペプチドが海水に近い塩分濃度で自己集合を起こして繊維を形成することが報告されている（紙野，2004）．ペプチドが自己集合で繊維を形成するときには原理的にペプチド近傍で強い引力相互作用が働くので，ペプチドの繊維形成の際に近傍にある被接着界面との間で強い引力が瞬間的に作用してエネルギーの山を越えて接着が起きていると予想される．

付着生物が示す水中接着は大変興味深い現象であり，付着生物の付着機構や接着物質に関して生物学的・分子生物学的知見が近年集まりつつある．物理化学の視点は付着生物の付着原理の解明および，水中接着技術や本節では触れていないが防汚技術などに広く寄与できるものと期待している　　　　　　　〔眞山博幸〕

文　　献

Ohkawa K., A. Nishida, H. Sogabe, Y. Sakai and H. Yamamoto（2000）. Characteristics of Marine Adhesion Protein and Preparation of Antifouling Surfaces for the Sessile Animals. Sessile Organisms, 17, 13-22.

イスラエルアチヴィリ J. N.（2013）.「分子間力と表面力」，朝倉書店，東京，pp.243-285.

井本稔（1992）.「表面張力の理解のために」，高分子刊行会，京都，pp.1-17.

榎本兵治（2019）. 金属粉の着火・爆発危険性とその特徴. 粉体および粉末冶金，66，513-524.

金子仁・津金正典・木村賢史（2010）. 船体への生物付着の実態と付着防止策. 日本マリンエンジニアリング学会誌，45，368-373.

紙野圭（2004）．フジツボに見る水中接着の不思議．化学と生物，42，724-732．
火力原子力発電技術協会（編）(2014)．「発電所海水設備の汚損対策ハンドブック」，恒星社厚生閣，東京，356 pp．
ドゥジェンヌ・ブロシャール-ヴィアール・ケレ（2008）．「表面張力の物理学」，吉岡書店，京都，pp.1-6．
日本付着生物学会（編）(2006)．「フジツボ類の最新学」，恒星社厚生閣，東京，396 pp．
森崎久雄（1991）．付着現象の物理化学．「海洋生物の付着機構」（梶原武監修，水産無脊椎動物研究所編），恒星社厚生閣，東京，pp.101-112．
八島正明（2019）．粉じん爆発・火災とその防止策．エアロゾル研究，34，159-166．

3.2　フジツボキプリス幼生の付着力とその測定方法

　フジツボは岩礁だけでなく，船舶，魚網，発電所冷却水路系などさまざまな海洋構造物にも固着することで深刻な問題を引き起こす（Rittschof et al., 2012）．そのため，フジツボのキプリス幼生や成体が付着しにくい材料や構造物を開発する目的で，それらの付着機構や付着力を詳しく調べる研究が行われてきた．ここではその具体的な測定方法を紹介する．

3.2.1　幼生が分泌する物質

　キプリス幼生は遊泳と付着をくり返し（一時付着），適切な付着場所を探す（探索行動）．キプリス幼生は適当な場所を見つけると付着し，その後，変態して幼稚体となる（図2.1）．キプリス幼生は体内の中央部にセメント腺と呼ばれる器官を持っており，接着タンパク質を合成し放出時まで備えておく（松村，2007）．このセメント腺にはセメント管が接続しており，付着時にこの管を通して一対の付着器先端から接着タンパク質を分泌することで付着する．

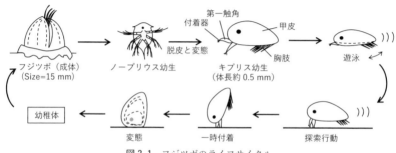

図2.1　フジツボのライフサイクル

探索時に付着器先端から放出される物質は，固体表面上を「歩く」ことで沈着する．この沈着物は Coomassie Brilliant Blue（CBB）染色試薬，または抗 76 kDa ポリクローナル抗体（Crea et al., 2006）で染色すると顕微鏡で観察することができる．固体表面に残された沈着物の大きさは幼生の付着器とほぼ同じであり，フットプリント（足跡）と呼ばれている．この足跡として残す物質には着生誘起タンパク質複合体（Settlement-Inducing Protein Complex：SIPC）が含まれていることがわかっており，同種キプリス幼生の着生を誘起する．また SIPC は，ヒドロキシ基やイオン性基を持つ親水性のアミノ酸や疎水性のアミノ酸などさまざまなアミノ酸が数千個ほど連結してできているタンパク質分子であるが，同じような性質を持つアミノ酸がある程度連続して配列した連鎖構造を持っていることがわかっている（So et al., 2019）．

3.2.2 エレクトロバランスによる付着力測定

キプリス幼生がどのような材料に付着しやすい，または付着しにくいのかを評価するには，材料基板を設置したコンテナに海水とキプリス幼生を入れ，1〜10 日間にわたって毎日幼稚体に変態した個体数を顕微鏡で観察しながら数える方法が行われている（Higaki et al., 2015）．また，材料基板を一定期間（例えば 1 年間）海に沈め，フジツボなどが付着した被覆率を比較するフィールド実験も一般的な評価方法である（Carteau et al., 2014）．これらに比べてキプリス幼生の付着力を直接測定した事例は少ない．

最初にキプリスの付着力を直接測定したのは Yule と Crisp である（Yule et al., 1983）．彼らは，生きているキプリス幼生（*Balanus balanoides*）に接着剤でニクロム線を取り付け，これを Cahn 式エレクトロバランスという精密電子天秤に接続されたサスペンションワイヤに垂直に引っ掛けた．マイクロメータを用いてステージ位置を上下に動かすことで海水中に置かれたスレート板からキプリス幼生を引き離すのに必要な

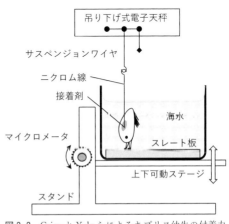

図 2.2　Crisp と Yule らによるキプリス幼生の付着力測定方法

力(単位はニュートン N)を検出した(図2.2).これを付着器の面積(単位は平方メートル m^2)で除することで付着強度(単位は $N\,m^{-2}$ またはパスカル Pa)を算出した.1979年の4月から5月まで6週間測定を行ったところ,付着強度は4月中旬から5月上旬にかけて 100 kPa から 240 kPa まで増大し,それ以降は 150 Pa まで低下することを見出した.これによりキプリス幼生の一時的付着力における季節的変動が定量的に示された.なお,100 kPa は 1 cm^2 の接着面積で約 1 kg の重りを吊り下げることができる強度に相当する.そう考えると,水中においてもキプリス幼生はしっかりと付着できる様子がうかがえる.

3.2.3 フットプリントタンパク質の付着力評価

最近では原子間力顕微鏡(Atomic Force Microscopy:AFM)を用いた測定が行われている.AFM とはカンチレバーと呼ばれる探針で表面をなぞり,表面の凹凸形状に応じて上下する様子(変形量)をレーザーで検出する顕微鏡である.一般にカンチレバーは,長さ 500 マイクロメートル(μm),幅 100 μm の板バネ状をしており,その先端に長さ 10 μm 程度の小さな針が垂直に取りつけられている.AFM は表面形状を調べるだけでなく,変形量にばね定数を乗することで探針と表面との間に働く極めて小さな力を精密に求めることもできる.これをフォースカーブ測定といい,付着力の評価にも活用されている.

Vancso らは AFM を用いてキプリス幼生が一時付着の際に残すフットプリントタンパク質の付着力を調べている(Guo et al., 2014).彼らは図2.3のように探針のないカンチレバー(チップレスカンチレバーという)にアルデヒド基を化学修飾したシリカ球(直径 5 μm)を取り付け,コロイドプローブを作製した.このシリカ球に,キプリスの足跡に相当するフットプリントタンパク質を転写しさまざまな試料表面に押しつけ,引き離す時のカンチレバーの変形量から付着力を求め

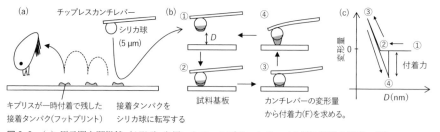

図2.3 (a) 原子間力顕微鏡(AFM)を用いたフットプリントタンパク質の付着力測定,(b) フォースカーブ測定におけるカンチレバーの様子,(c) フォースカーブの例

た．その結果，フットプリントタンパク質の付着力は疎水性表面では 21 ナノニュートン（nN）であったのに対し，親水性表面では 7.2 nN であり，疎水性表面のほうが強く付着することを明らかにした．接触面積を考慮すると最大の付着強度は約 26 kPa に相当する．この方法は，キプリスの実際の付着力を直接測定しているものではないが，タンパク質分子と材料表面との分子間相互作用を評価する手法として有用である．

3.2.4 原子間力顕微鏡を用いた測定方法

小林らは，図 2.4 に示すようにチップレスカンチレバーにキプリス幼生を活きたままの状態で固定し，海水中で幼生が一時付着するときの付着力を直接測定する方法を確立している（Shiomoto et al., 2019）．あらかじめ先端にごく少量の接着剤を付けたカンチレバーを用意し，海水中で横倒しにしたキプリス幼生の甲皮をカンチレバーで押さえつけた．30 分ほどで接着剤が固化し，キプリス幼生が触角や胸肢を運動させてもカンチレバーから幼生が外れなくなる．これは，カンチレバーの垂直方向の位置をマイクロメートル単位で精密に制御できる AFM のピエゾ素子のおかげである．前述した Crips らの手法より容易に短時間で幼生を固定化することができる．この状態で試料基板に幼生を近づけると幼生は触覚を伸ばし，付着器を試料表面に付着させる．可動ステージを水平方向に動かし，幼生を試料から引き離すとカンチレバーにねじれが生じる．このねじれ量をレーザーで検出し（図 2.4（b）中の破線），カンチレバーのねじればね定数を乗じると付着力が求められる．

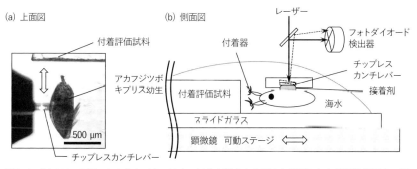

図 2.4　(a) AFM を用いた生体キプリス幼生の付着力測定を上面から撮影した光学顕微鏡写真，(b) 側面から見たしくみ
ここでは，アカフジツボのキプリス幼生をチップレスカンチレバー先端に接着させた例を示している．

アカフジツボのキプリス幼生を用いた場合，疎水性の試料表面に対する付着力はキプリスの日齢とともに増加し，変態後7日間程度は数μNであるが，15日目頃に30μN〜60μN（95 kPa〜190 kPaに相当）に達した．その後，付着力は低下し幼生は寿命を迎え付着しなくなった．一方，ヒドロキシ基や双性イオン基など親水性官能基で被覆された試料表面では，幼生の付着力は常に1μN以下であり，幼生が付着しにくいことが明らかになった．

この AFM を用いた手法は，日齢依存性を比較的容易に評価できるだけでなく，光学顕微鏡下で触角や胸肢の動作や活動を観察しながら付着力も同時に測定できる利点がある．また，ほかの生物や幼生にも応用することができる技術であり，今後の活用が期待される．

3.2.5 おわりに

最後に，成長したフジツボの接着強度について触れておく．成長後のフジツボの接着強度は極めて高く，付着させる材料によって強度も変わるため，正確に接着強度を評価するのは容易ではない．これまでにスレート板に付着させた成体フジツボの引っ張り接着強度は200〜1800 kPaであり，さらに群体では111メガパスカル（MPa）に達することが報告されている（山本ら，1992）．これは工業材料用の接着，構造接着に要求される強度に匹敵し，非常に強いものであることがわかる． 〔小林元康〕

文　献

Carteau D., K. Vallée-Réhel, I. Linossier, F. Quiniou, R. Davy, C. Compère, M. Delbury and F. Faÿ (2014). Development of environmentally friendly antifouling paints usingbiodegradable polymer and lower toxic substances. Prog. Org. Coatings, 77, 485-493.

Dreanno C, R. R. Kirby and A. S. Clare (2006). Smelly feet are not always a bad thing: the relationship between cyprid footprint protein and the barnacle settlement pheromone. Biol. Lett., 2, 423-425.

Guo S., S. R. Puniredd, D. Jańczewski, S. S. C. Lee, S. L. M. Teo, T. He, X. Zhu and G. J. Vancso (2014). Barnacle Larvae Exploring Surfaces with Variable Hydrophilicity: Influence of Morphology and Adhesion of "Footprint" Proteins by AFM. ACS Appl. Mater. Interfaces, 6, 13667-13676.

Higaki Y., J. Nishida, A. Takenaka, R. Yoshimatsu, M. Kobayashi and A. Takahara (2015). Versatile inhibition of marine organism settlement by zwitterionic polymer brushes. Polym. J., 47, 811-818.

Shiomoto S., Y. Yamaguchi, K. Yamaguchi, Y. Nogata and M. Kobayashi（2019）. Adhesion force measurement of live cypris tentacles by scanning probe microscopy in seawater. Polym. J., 51, 51-59.

So C. R., E. A. Yates, L. A. Estrella, K. P. Fears, A. M. Schenck, C. M. Yip and K. J. Wahl（2019）. Molecular Recognition of Structures Is Key in the Polymerization of Patterned Barnacle Adhesive Sequences. ACS Nano, 13, 5172-5183.

Yang W. J., K. G. Neoh, E. T. Kang, S. S. C. Lee, S. L. M. Teo and D. Rittschof（2012）. Functional polymer brushes via surface-initiated atom transfer radical graft polymerization for combating marine bifouling. Biofouling, 28, 895-912.

Yule A. B. and D. J. Crisp（1983）. Adhesion of Cypris Larvae of the Barnacle, *Balanus Balanoides*, to Clean and Arthropodin Treated Surfaces. Mar. Ass. U.K., 63, 261-271.

松村清隆（2006）.「フジツボ類の最新学」（日本付着生物学会編），恒星社厚生閣，東京，pp.142-167.

山本寛之・塚本博一（1992）. 生物の接着. 比較生理生化学，9，118-128.

3.3 生物表面の特異な機能を模倣した付着抑制材料の開発 —身の回りから海洋まで—

生物の持つ特異な微細構造，優れた機能，ものづくりプロセスなどからヒントを得て，新しい技術の開発やものづくりに活かそうとする科学技術をバイオミメティクス（生物模倣技術）という．ハスの葉やアメンボの足の優れた撥水性をお手本にした塗料，サメ肌の低流体抵抗に着目した水着や航空機の機体表面に貼り付けるフィルム，ヤモリの足裏構造からヒントを得た接着テープ，モルフォ蝶の翅（青色）の発色機構を真似た繊維などが開発されている（下村ら，2022）．生物は特異な微細構造，空気，水（雨）を巧みに利用することでさまざまな優れた機能を発現させている．その中でも，水を弾いたり，油や汚れを洗い落とすといった表面機能はプラスチックゴミの削減にも役立つ．

3.3.1 プラスチックゴミの問題と難付着性材料

私たちの日常生活に欠かせないプラスチック（合成樹脂）．プラスチックは構成単位である原料（モノマー）をくり返し結合させてできたポリマーを主成分とし，そこにいろいろな添加剤や着色料などを加えてつくられている．プラスチックは19世紀に発明され，その大量生産は第二次世界大戦後（1950年頃）に始まったといわれている．紀元前3500年頃から使われてきた金属（青銅：銅と錫の合金）と比べると，まだ70〜80年程度の歴史しかない．それにもかかわらず，プラスチッ

クの 2016 年までの総生産量は約 83 億トンと莫大な量に増加し（Geyer et al., 2017），しかもそのほとんどがリサイクルされず，川や海へ投棄されたり，埋め立てゴミとなって地球上に残っており，これがすでに地層にまで影響を及ぼしている［いわゆる Anthropocene（人新世：じんしんせい／ひとしんせい）：人類の活動が地層に刻まれる新たな地質時代］．そのほかにも，焼却による大気汚染，製造や焼却時に出る二酸化炭素（CO_2）は地球温暖化（もはや沸騰化？）を進める原因となっている．

　プラスチックは軽くて丈夫，熱や圧力を加えることにより任意の形にすることができ，ガラスのように割れることもなく，また，金属のように錆びない画期的な素材である．しかし，その多くは自然に分解されないため，最近では川や海がプラスチックゴミ（5 mm 以下になったものを特にマイクロプラスチックと呼ぶ）であふれかえり，クジラ，ウミガメ，イルカなどがプラスチックを餌と誤って食べてしまい，死に至るケースが多数報告されている．このようにプラスチックは自然環境に甚大な影響を及ぼしている．きれいな川や海，美しい自然を守るため，私たちはプラスチックの使用量を減らす努力をしなくてはいけない．私たちが毎日，使用しているケチャップやマヨネーズのような調味料，歯磨き粉，シャンプーやリンスのほとんどはプラスチック容器に入っている．それらを容器内に残さず，最後まできれいに使い切ることはとても難しいことである．もし，プラスチック容器にモノ（液体や固体）がつかないような機能（以下，難付着性と記述）を付与できれば，その分，容器を小さくすることができる．そうなれば，より多くの製品を一度に輸送することができるため CO_2 や輸送コストだけでなくプラスチック使用量の削減にもつながる．

3.3.2　ハスの葉の超撥水性と自己洗浄機能

　ハスの葉には水を弾き，表面に付着した汚れを取り除く自己洗浄機能があることが，1997 年，ドイツ，ボン大学の Barthlott らによって報告された（Barthlott and Neinhuis, 1997）．この優れた機能をロータス（ハスの葉）効果と呼ぶ．ハスの葉はプラントワックスと呼ばれる水を弾く性質を持った物質を分泌するだけでなく，表面に特異な凹凸構造（図 3.1）を構築することで，水をまったく寄せ付けない驚異的な撥水性を発現させている（以下，超撥水性と記述）．また，水が転がり落ちる際，表面のホコリやゴミを一緒に巻き込んで除去するため，ハスの葉はいつもきれいな状態を保っている（ハスは泥より出でて泥に染まらず）．ハスの

葉はプラントワックスを常に分泌することでこのような優れた表面機能を持続させている．ハスの葉をお手本にしたバイオミメティック材料がすでに我々の身近なところで使われている．たとえばヨーグルトの蓋が好適な事例として挙げられる（西川，2016）．ハスの葉表面の凸凹構造をアルミ箔で再現することにより，ハスの葉上の水滴のようにヨーグルトはこの蓋に付着することなくスムーズに滑落していく．ヨーグルトが蓋に付着しないため食品ロスの削減に

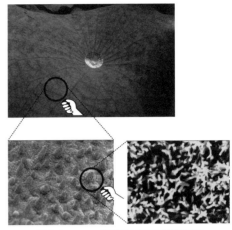

図 3.1　ハスの葉表面の電子顕微鏡写真

もつながる．そのほかにも，ハスの葉をお手本にした外壁/塗料，衣類，雨具，表面にお米がつかないようなしゃもじなどが開発されている．

3.3.3　ウツボカズラ捕虫器の滑落性と SLIPS

ウツボカズラは捕虫器を利用して虫を捕獲する食虫植物である．捕虫器の開口部周辺の襟（peristome）にはマイクロメートルスケールの微細な溝があり，高湿度環境下ではその表面が水の膜で覆われている（図3.2）．アリなどの昆虫が歩行すると，足先から分泌された油は水膜によってはじかれる．それと同時に，水膜の流動性により昆虫は足を滑らせ捕虫器の中へと滑落していきウツボカズラの栄養分になる．2011年，アメリカ，ハーバード大学の Aizenberg のグループは，このウツボカズラ捕虫器内壁の構造/機能からヒントを得て，「Slippery Liquid-Infused Porous Surfaces：SLIPS」と呼ばれるユニークなバイ

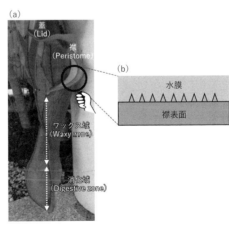

図 3.2　(a) ウツボカズラ（Nepenthes alata）捕虫器の写真，(b) 捕虫器の開口部周辺の襟（peristome）の断面模式図

オミメティック材料を開発した（Wong et al., 2011）．ウツボカズラは水を潤滑液として利用しているが，水ではすぐに蒸発してしまうため，Wong らは潤滑液に揮発しにくい液体を選び，それを多孔質（孔のいっぱい空いた）材料に染み込ませて SLIPS を作製した．SLIPS は水だけでなく，油や血液などさまざまな液体に対しても優れた撥液性・難付着性を示すとともに，氷点下でも安定で優れた着氷防止機能があることが報告されている．また，SLIPS は液体膜で覆われているため，外部から損傷を与えても液体が瞬時に表面を移動し，撥液性・難付着性が直ちに回復するという自己修復性も兼ね備えている．最近では，植物由来の油を潤滑液に用いてマヨネーズやケチャップの付着を抑制できるプラスチック容器も開発されている．

3.3.4　ナメクジの防汚機能と SLUG

ナメクジはヌメヌメとしていて見た目はとても気持ちの悪い生き物であるが，体から粘液（主成分はムチン）を分泌し，くねくねと体を動かすこと（這行運動）により体についた泥を取り除いている，実はきれい好きな生き物である（図3.3）．昼間，ナメクジは土の中など暗く湿った場所に潜んでいて，夜になると外に出て這い回って畑や庭の植物，野菜，果物を食べ荒らす．ナメクジは地面をたえず移動しているにもかかわらず，体が泥で汚れていることはない．筆者らはこのナメクジの粘液分泌による優れた防汚機能からヒントを得て，「Self-Lubricating Gels：SLUG（英語でナメクジの意味）」というさまざまなモノ（粘性液体，氷雪，海洋生物など）の付着を抑制することができる撥液性・難付着性材料の開発を進めてきた（Urata et al., 2015）．筆者らは，生物の粘液分泌を工学的に再現するため，ヨーグルトやゼリー表面に水が浮いてくる"離しょう"という私たちの日常生活でよく目にする現象に着目した．SLUG の主成分はポリジメチルシロキサン

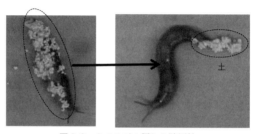

図3.3　ナメクジの優れた防汚性

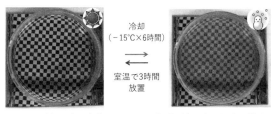

図 3.4 外部温度に応答して SLUG 表面の油が出入りする様子

(PDMS) というポリマーである．PDMS は透明性，柔軟性，耐熱性，撥水性，電気絶縁性，耐薬品性に優れているため，たとえば，コンタクトレンズ，医療用機器，防水剤，潤滑剤，消泡剤など幅広い産業分野で使用されている．この PDMS の前駆液（原料）に，油（たとえば，シリコーンオイル）や水と反応しやすい液体を混ぜ込んで SLUG およびその関連材料を作製することができる．この SLUG は，ナメクジが体表から粘液を分泌するかのごとく，あらかじめ充填しておいた液体が，自発的あるいは外部の温度に応答して PDMS 内部から滲み出したり，あるいは，PDMS 内部に再び戻ったりするため，表面にいろいろな機能を発現させることができる（図 3.4）．この点が前述の SLIPS とは大きく異なる．

3.3.5 SLUG の表面機能：粘性液体の付着抑制

ここからは，私たちの身の回りから海洋を含めたさまざまな環境の中で起こるモノ（粘性液体，水，氷雪，海洋生物）の付着を効率よく防ぐことができる難付着性材料 SLUG とその関連材料のユニークな表面機能について紹介する．たとえば，PDMS の前駆液に鎖長（炭素数）の異なる直鎖状アルカン（炭素数：10, 12, 14, 16；粘度の高い液体）を充填して作製した SLUG を室温で放置すると，炭素数が 16 のヘキサデカンを用いた場合のみ，1 時間程度で液体成分の離しょうが確認され，SLUG 表面に液体（油）膜が形成された．この液体膜により，PDMS 表面とマヨネーズをはじめとする粘性液体との直接的な接触が抑制されるため，粘性液体はスムーズに滑落した．また，SLUG をカッターナイフで切断しても，切断面からヘキサデカンが再び離しょうして液体膜が再形成されるため，撥液性・難付着性は 1 時間程度で自己修復された．

3.3.6 SLUG が示す超撥水性

筆者らは，試料を大気中に置いておくだけで，まるでハスの葉と同じように，

表面に微細構造が自発的に形成し，超撥水性が発現する材料の開発にも成功している（Urata et al., 2015）．たとえば，水と極めて反応しやすいトリクロロシラン（TCS）という液体（撥水性成分，プラントワックスの代わりに利用）を PDMS 中にあらかじめ充填しておくと，TCS が離しょうし，空気中の水分と直ちに反応して，自発的に微細構造が形成して超撥水性が発現する．また，物理的/化学的なダメージを与えた場合でも，TCS の離しょうにより，同じような微細構造が再構築され超撥水性が自己修復する（ただし，TCS はすぐに劣化するので，この自己修復機能は数日しか持続しない）．さらに，TCS のほかに補修成分（シリコーンオイル）を添加することで，長時間（1〜24 時間）にわたる強力な紫外線照射（ハスの葉はわずか 30 秒程度の照射で枯れてしまう）に対しても，補修成分の移行によりダメージを受けた表面は自己修復し，再び超撥水性を示すようになった（Wang et al., 2017）．現在，筆者らは反応性の高い TCS を長期間にわたり安定に保存する技術を開発中である．この技術によって，まだ数か月程度ではあるが，物理的/化学的なダメージに対して超撥水性を自己修復させることも可能となってきた（Nakamura et al., 2022）．このような長期にわたり超撥水性が自己修復する材料はこれまでに報告されておらず，まったく新しいバイオミメティック材料として期待されている．

3.3.7　SLUG による氷雪の付着抑制

　地球温暖化の原因となっている CO_2，メタン，フロンのような温室効果ガスの排出量を減らすことは，地球の温暖化と気候変動を防ぐために人類が取り組むべき喫緊の課題になっている．特に資源の少ない我が国では，そのほとんどを海外からの輸入に依存している．これまでのように石油や石炭のような化石燃料を無尽蔵に燃やして電気をつくる火力発電から，太陽光，風力，地熱といった自然界に存在するエネルギー（再生可能エネルギー）を利用した環境に優しい発電方法への転換が急務である．たとえば，太陽光発電はソーラーパネル（太陽光を受けて電気をつくる装置）を使う．太陽光発電は気温の低い地域ほど発電効率が良いため，現在，北海道ではメガソーラーと呼ばれる大規模な発電施設の設置が進められている．しかし，冬の北海道は雪が多いため，ソーラーパネルに積もった雪により発電量が著しく減ってしまう．降り積もった雪を電気や熱を使わずに除去することができれば冬の間も安定に電気をつくることが可能になる．

　筆者らは SLUG を用いてこの課題の解決に取り組んでいる（Urata et al., 2015,

2018; Buddingh et al., 2022).SLUG に充填する油の種類や添加量を最適化することで，いろいろな表面機能を発現させることが可能なことは先に述べた．氷点下でも凍らないという油の特長を活かして，たとえば，常温では油が PDMS 内部にとどまり，外気温が氷点下になった時だけ油が表面に染み出して液体（油）膜ができるような SLUG を作製することも可能である（図 3.4）．また，油が染み出す離しょう温度も使用環境にあわせて自由自在に調整することもできる．氷点下で油が染み出すように設計すると，PDMS 内部から油

図 3.5 SLUG の優れた着氷雪防止機能

図 3.6 SLUG をコーティングした大面積 PET フィルム（左）と社会実装の事例（右）

が表面に移行して，10 µm[*1] 程度の厚みの油膜が形成される．この油膜が表面にできるおかげで，降り積もった氷雪は風，振動，雪自身の重みによって自然にするっと滑り落ちていく．この SLUG をソーラーパネル（図 3.5）や風力発電のブレードなどにコーティングすることで，冬でも安定に電気をつくることが可能になり，太陽光発電や風力発電の発電効率アップに貢献することが期待されている．また，この SLUG を roll-to-roll 法という工業的に利用されている成膜法を用いて市販のポリエチレンテレフタレート（PET）ロールフィルム上に連続して大面積にコーティングすることもできる（図 3.6）．このフィルムを寒冷地の道路標識やデリネーター（視線誘導標）といったインフラ設備に貼り付けておけば，冬の間，氷雪の付着でそれらが見えなくなることはなくなり，運転者の安心・安全の確保にも繋がるのではないかと筆者らは期待している．

3.3.8 SLUG による海洋生物の付着抑制

海洋生物であるフジツボは接着タンパク質を分泌し，岩，岸壁，船の底に張りつく．たとえば，フジツボが船の底に付着すると船の水流抵抗が増えてしまうた

[*1] 1 µm = 10⁻⁶ m

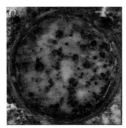 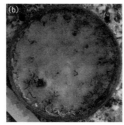 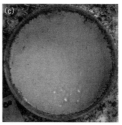

図3.7 SLUG の優れた海洋生物付着抑制機能：(a) 未処理のペトリ皿，(b) PDMS，(c) SLUG を被覆したペトリ皿（口絵7参照）

め，速度が低下して燃費が悪くなると言われている．また，火力/原子力発電所では熱交換器や配管内壁にフジツボが多量に付着すると，フジツボが通水を阻害して冷却効率を低下させる原因になる．そのため，付着した海洋生物を定期的にスクレーパーなどを用いて機械的に除去したり，活性酸素や過酸化水素水などを利用して海洋生物の付着や繁殖を抑制する処理が行われている（高橋ら，2002）．SLUG は粘性液体や氷雪だけでなく海洋生物の付着抑制にも効果を発揮する．SLUG を夏の海水温の高い時期に 40 日ほど海に沈め，フジツボやその他の海洋生物の付着を調べた．油を含まない PDMS にはフジツボのほかに藻類なども付着したが，SLUG には海洋生物はほとんど付着しなかった（図 3.7）．このような SLUG の優れた海洋生物に対する難付着性は表面に形成された油膜の効果によるものと筆者らは考えている．

3.3.9 まとめ

本節では，生物の持つ特異な微細構造および優れた機能と筆者らが開発しているモノ（液体や固体）の付着を抑制することができるバイオミメティック材料，SLUG，について紹介した．SLUG のような液体膜を利用したバイオミメティック材料は充填する液体を任意に選択することにより，撥液性，防汚性，着氷雪防止，フジツボのような海洋生物付着防止といったさまざまな機能を表面に付与することが可能なため，幅広い産業分野への応用展開が期待できる．また，SLUG をプラスチック容器内部にコーティングすれば，油や粘性液体のような内容物の付着を抑制することができるため，プラスチック容器のリサイクル性向上やプラスチックゴミの削減にもつながるのではないかと筆者らは期待している．

〔穂積　篤〕

文　　献

Barthlott W. and C. Neinhuis（1997）. Purity of the sacred lotus, or escape from contamination in biological surfaces. Planta, 202, 1-8.

Buddingh J. V., S. Nakamura, G. Liu and A. Hozumi（2022）. Thermo-responsive Fluorinated Organogels Showing Anti-fouling and Long-Lasting/Repeatable Icephobic Properties. Langmuir, 38, 11362-11371.

Geyer R., J. R. Jambeck and K. L. Law（2017）. Production, use, and fate of all plastics ever made. Sci. Adv., 3, e1700782.

Nakamura S., Y. Yamauchi and A. Hozumi（2022）. Long-Lasting Self-Healing Surface Dewettability through the Rapid Regeneration of Surface Morphologies. Langmuir, 38, 7611-7617.

西川浩之（2016）. ヨーグルトが付着しない包装材料のはっ水表面の開発. 表面技術, 67, 482-484.

下村政嗣・谷口守・針山孝彦・平坂雅男・穂積篤（2022）.「地球を救うスーパーヒーロー生き物図鑑」, エクスナレッジ, 東京, 159 pp.

高橋玲樹・稲垣修一・中島昌二（2002）. 発電プラント向け海生生物付着防止システム, 東芝レビュー, 57, 64-67.

Urata C., G. J. Dunderdale, M. W. England and A. Hozumi（2015）. Self-lubricating organogels（SLUGs）with exceptional syneresis-induced anti-sticking properties against viscous emulsions and ices. J. Mater. Chem. A, 3, 12626-12630.

Urata C., R. Hönes, T. Sato, H. Kakiuchida, Y. Matsuo and A. Hozumi（2019）. Textured Organogel Films Showing Unusual Thermoresponsive Dewetting, Icephobic, and Optical Properties. Adv. Mater. Interfaces., 6, 1801358.

Wang L., C. Urata, T. Sato, M. W. England and A. Hozumi（2017）. Self-Healing Superhydrophobic Materials Showing Quick Damage Recovery and Long-Term Durability. Langmuir, 33, 9972-9978.

Wong T.-S., S. H. Kang, S. K. Tang, E. J. Smythe, B. D. Hatton, A. Grinthal and J. Aizenberg（2011）. Bioinspired self-repairing slippery surfaces with pressure-stable omniphobicity. Nature, 477, 443-447.

3.4　付着阻害物質

　気候変動の影響を, 私たちは身近に感じるようになってきた. そのため, 二酸化炭素などの温室効果ガスの排出を削減することが急務だといわれて久しい. 船舶は, 輸送量あたりの二酸化炭素排出量が, 自動車に比べて 20 分の 1 であり, 優れた輸送機関である. しかし, 船体にフジツボやイガイが付着することで燃料消費は増加する. 温暖化により南極海ですら付着生物が増えているし, 油田や洋上風力発電施設でも生物付着の問題がある. 一方で防汚物質が環境汚染を引き起こ

してきた.

船に付着する生物を防ぐ手段としては，表面の性質や形状を利用する物理的防除と防汚剤と呼ばれる化学物質による防除がある．物理的防除については 3.3 節や *Column* 3 に述べられているので，ここでは化学的防除を紹介する．

3.4.1　これまで使われてきた防汚剤

紀元前 4 世紀には付着生物が船舶に影響することの記録が残っている（Li et al., 2023）．その頃のフェニキア人は，銅板や鉛板を木造船の付着防止に使っていたという（Dafforn et al., 2011）．18 世紀後半以降，主に銅，ヒ素，水銀などが使われ，19 世紀には亜酸化銅が使用され始めた．1970 年代になって，トリブチルスズ（TBT）などの有機スズ化合物を用いる自己研磨型（加水分解型）船底防汚塗料が開発され，その優れた効果のために普及した．しかしながら，すぐに貝類の奇形など海洋生態影響が報告され始めた．そこで，1980 年代から徐々に規制の動きが始まり，日本では 1990 年頃には使用しなくなった．世界的には 2008 年に国際海事機関（IMO）の船舶防汚方法規制条約（AFS 条約）により，有機スズ化合物の使用が禁止された．1990 年代からブースターバイオサイドと呼ばれる防汚剤が使われるようになった．その一つであるシブトリン（別名イルガロール 1051）は，光合成を阻害することから藻類に対して効果的であった．しかし，海洋生物に対する有害性が高く蓄積性もあることから，AFS 条約で 2023 年に禁止された．日本の塗料メーカーでは（三重野ら，2023；沖野，2022），2005 年において 16 種の防汚剤が単独あるいは 1〜4 種の配合で用いられてきた．その後，2023 年までに 6 種が使われなくなり，新規に 2 種の防汚剤が使われ始めた結果，12 種類しか使われていない．意外に選択肢が少ないことに驚かされる．亜酸化銅は防汚塗料全体の約 4 分の 3 に使われており，亜酸化銅とそれ以外の有機系防汚剤の組み合わせが主流である．ちなみに，船底が赤いのは亜酸化銅によるものである．次に，銅ピリチオン，亜鉛ピリチオン，シーナイン 211（略称 DCOIT）などの使用が多く，環境影響の懸念があるものの，分解性が高いことから使われている．トリフェニルボランピリジン（通称 PK）はよく使われていた防汚剤であったが，ヨーロッパで承認から外れ急減している．除草剤由来のジウロン（略称 DCMU）はまだ日本で使われているが，ヨーロッパの多くの国で禁止されており，今後減る可能性がある．防汚剤の場合，ある国，ある地域で登録されていなければ，そこに入港できなくなることから，一部の規制が実質的に使用中止につながる特徴がある．

一方，新規の防汚剤は，トラロピリル（商標エコネア）とメデトミジン（商標セレクトープ）である．これらの生態リスクはまだ十分に評価されていない．防汚剤を含まないシリコーンなどの防汚塗料は，国内の製品数全体の5%程度である．この割合は2005年に比べると減少している．3.3節や Column 3 にもあるように，表面の物性や形状により防汚性能を出すというのはまさに研究の最前線となっているが，低燃費の要求が強いため防汚性が重視されて，防汚剤フリーの塗料の割合が減ったと考えられている．

3.4.2　海洋生物に学ぶ付着阻害物質の開発

サンゴや海綿などの付着生物は，付着することによって好適な環境に定住できる一方で，一度着底すると捕食生物から逃避することができない．その代わりにほかの生物が嫌う化学物質をもっていることが多い．そのような物質は，逆にフジツボのような付着生物を防ぐために使えるのではないかという仮説のもと，付着阻害物質の探索が行われてきた．なかなか実用化しないという指摘もある一方で，最近も天然由来付着阻害物質の探索や合成の研究報告は多い(Liu et al., 2020)．

ウミウシやアメフラシなどの後鰓類は，巻貝の仲間であるが，物理的防御手段となる殻をもたない．彼らは，ほかの生物が食べない生物を餌として，ほかの生物が嫌う化学物質をため込むことによって防御している．付着生物ではないが，動きが遅く捕食生物から逃避することは難しい．

海藻群落であったところが，ウニなどの藻食動物によって食べられるなどさまざまな要因によってその群落が衰退する磯焼けが発生しているところでも，紅藻のソゾが繁茂していることがある．このようにソゾは，ウニなどには食べられないが，アメフラシはソゾを食べて，ソゾのもつ臭素を含む忌避物質を蓄積する（図4.1）．これまでに多くの臭素化合物がフジツボあるいはイガイの付着を阻害することが見出されてきた．たとえば臭素を3個もつオマエザレンは，EC_{50} 0.22 μg/mL でタテジマフジツボ幼生の付着を阻害した (Umezawa et al., 2014)．EC_{50} は半数影響濃度と呼ばれるが，この場合，通常のフジツボ幼生の付着率を半分にする

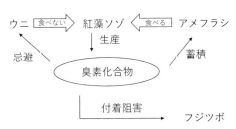

図4.1　ソゾとアメフラシの化学防御
注：アメフラシはソゾ由来のさまざまな臭素化合物を蓄積することがわかっているが，そのなかにオマエザレンが発見されたという報告例はまだない．

化合物の濃度を示す．現実的にはほとんど付着しない状況が求められるが，実験的には半分にする濃度のほうが求めやすいので評価指標として使われる．また，オマエザレンは，海産シオダマリミジンコに対する毒性が現在も使われている防汚剤の銅ピリチオンより 80 倍以上低いと報告されている．

イボウミウシ類はほかの生物が食べない海綿を好んで食べる．彼らは海綿からイソシアノ基（－NC）を有するテルペノイド（たとえば図 4.2 の化合物 1）を選択的に蓄積して魚類に対する防御に使うことが知られていた．これらの化合物は，タテジマフジツボ幼生に対しても付着阻害活性を示すことが明らかに

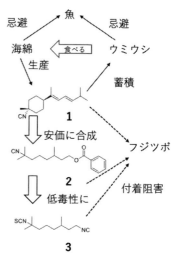

図 4.2 イソシアノ化合物（1-3）の生物機能と合成戦略

なった（図 4.2）．官能基の異なる天然物も多数存在するが，イソシアノ基を有することが重要らしい．そこで，東京農工大学の北野らは，ウミウシのイソシアノ化合物をもとに多数の化合物を合成し，構造活性相関を調べながら安価に合成可能な化合物の合成に成功している（図 4.2 の化合物 2）（北野，2019）．さらに安全性を高めるため，イソシアノ基に代わって最近は食品成分にも含まれるイソチオシアネート基（－NCS）に着目した研究が進められている．イソチオシアネート基を含む物質はイソシアノ基よりさらに毒性が低いデータが出ており，安価に合成可能かつ環境負荷の少ない付着阻害物質の候補として期待されている（Tanikawa et al., 2023）．特に，イソシアノ基とイソチオシアネート基の両方を有する化合物（図 4.2 の化合物 3）は，低濃度でも強く阻害活性を示す優れたデータが出ている．また，ワサビやカラシの辛み成分であるアリルイソチオシアネートには弱いながらもムラサキイガイに対する付着忌避活性が報告されている．アリルイソチオシアネートも，それを含有するアブラナ科の植物にとっては，草食動物に対する防御物質として機能している．

ここで興味深いのは，トウガラシの辛み成分であるカプサイシンの類縁体（図 4.3a）も防汚剤と

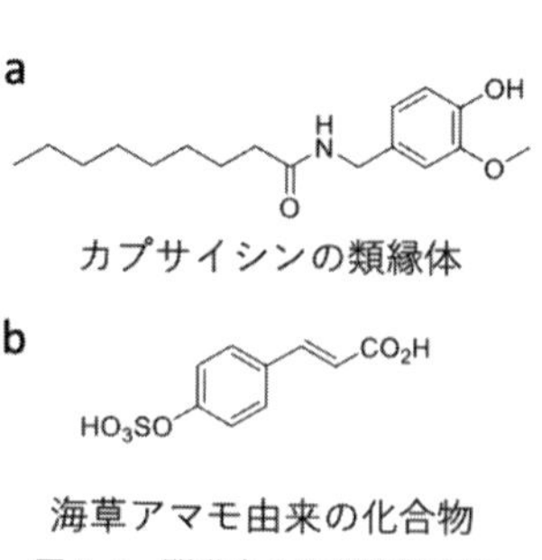

図 4.3 開発中の化学防御物質

しての開発が進められていることである（Angarano et al., 2007）. カプサイシンとアリルイソチオシアネートは構造的にはかなり異なるが，どちらも Transient Receptor Potential（TRP）チャネル（一過性受容体電位型チャネル）に作用する. TRP チャネルは味覚・温度・痛みの感覚受容機能などさまざまな生理機能を有していることが知られており，刺激に応答して細胞内へのカルシウムイオンの流入に関与している. カルシウムイオンは付着生物の付着・変態のシグナル伝達に重要であることから，カプサイシンやアリルイソチオシアネートなどの化学物質が TRP チャネルに対し作用することと付着阻害活性との間に関係がある可能性がある. 一方，イソシアノ化合物は，ミトコンドリアの機能に影響するという報告がある. イソシアノ基とイソチオシアネート基の両方をもつ化合物が，二つの異なる付着阻害機構を活用できるとしたら興味深い.

　海草のアマモのフェノール化合物が，ヨコエビによる捕食および珪藻や細菌による被覆を防いでいることが知られている. 1993 年に zosteric acid（日本語の慣用名はないが，英語の慣用名を訳すとアマモ酸である.）と呼ばれるフェノール酸の硫酸エステルが，アマモの表面から単離された付着性細菌の付着を阻害すると報告された（図 4.3b）. また，類似の化合物がフジツボの付着を阻害することも報告された. その後，関連報告が途絶えていたが，2022 年になって，デンマークのベンチャー企業である Cysbio が zosteric acid を防汚剤として開発していることが報道された（McCoy, 2022）. Cysbio はデンマーク工科大学からのスピンオフ企業であり，微生物を用いたアミノ酸生産と硫酸化技術が強みである. 後者の硫酸化技術を生かして防汚剤の開発に取り組んでいる.

3.4.3　付着するしくみに着目した防汚剤開発

　タテジマフジツボのキプリス幼生の付着は神経支配されており，特にセロトニンは促進的に，ドーパミンは抑制的に作用することが知られている. 海綿から単離されたバレッティンはアルギニンとトリプトファンの脱水素臭素化誘導体のジケトピペラジン（環状ジペプチド）であり，セロトニン受容体に作用することでフジツボ幼生の付着を阻害する. メデトミジン（図 4.4）は，神経伝達物質であるアドレナリンの受容体を活性化することで鎮静作用などを示す動物薬として使われている. このことからフジツボ幼生に対して試験したところ，1 nM[*1] という

───────────
＊1　1 M（モーラー）＝1 mol/L, 1 nM（ナノモーラー）＝1×10^{-9} M

極めて低濃度で付着を抑えた．さらにメデトミジンは，フジツボのオクトパミン受容体に作用することもわかった．オクトパミンは無脊椎動物の神経伝達物質で，脊椎動物の神経伝達物質のアドレナリンやノルアドレナリンと類似の構造である．ヒトがアドレナリンで興奮するように，メデトミジンによってフジツボも激しく運動するため付着行動をとれなくなる（Lind et al., 2010）．現在では国内の塗料会社で防汚剤として使われている．非常に低濃度で活性を示すため，ごく微量の使用で済むことは環境への影響を考えると大きなメリットである．

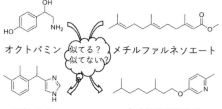

図 4.4　付着するしくみを妨げる物質

昆虫では幼若ホルモンが，甲殻類ではメチルファルネソエート（図 4.4）が変態に関与しているといわれている．このような化合物に類似の物質が過剰に存在すると，フジツボの幼生が変態できなくなることが期待される．実際，3,7-ジメチルオクチル-2-メチル-5-ピリジルエーテル（図 4.4）が EC_{50} 0.006 μg/mL という非常に低濃度で付着を阻害することが認められた（Skattebøl et al., 2006）．このように付着するしくみを妨げる化合物をみつけることができれば，ある種の付着生物に対し選択性の強い防汚剤を開発することができる．ただし，海では単一の生物だけが付着するわけではないので，選択性が強いことでは十分でなく，他の防汚剤との組み合わせなども考える必要がある．

3.4.4　医薬品を活用した化学防除

前項で述べたメデトミジンは，動物薬としての実績があったことで，開発が進みやすかった．医薬品は，安全性の審査を終えたものであり，生産体制が整っているので，他の目的に転用することの障壁が少ない．そのような観点で，いくつかの報告がある．

放線菌が生産する物質をもとに開発されたイベルメクチンはオンコセルカ症（河川盲目症）などに使われる抗寄生虫薬であり，大村智博士のノーベル生理学・医学賞の対象となった化合物である（図 4.5）．この化合物が，海域での試験で 1 年以上の付着生物に対する有効性を示した（Pinori et al., 2011）．

カンレンボクの樹皮と幹から単離されたカンプトテシンは DNA トポイソメラー

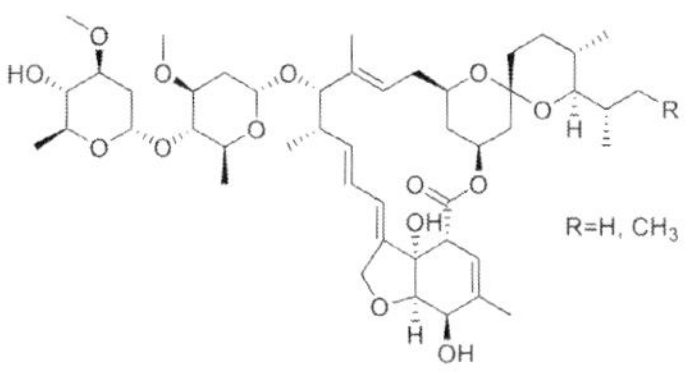

イベルメクチン 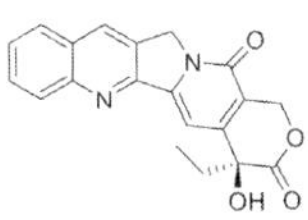　　　　　　　　　カンプテシン

図 4.5　医薬品由来の防汚剤候補物質

ゼ I 阻害活性を有し，類縁体が抗がん剤となった（図 4.5）．最近カンプテシンのコケムシ付着阻害活性が報告され，実海域試験でも 1 年以上有効性を示した．海中センサーは長期間浸漬されるため付着生物の防除が必要であるが，このセンサーのハウジングを使った実海域での試験でもカンプテシンは 4〜9 か月間効果を示した（Hao et al., 2022）．

3.4.5　防汚剤開発の将来

　化学的防除を目指した防汚剤開発は，医薬品を含む産業的に使われている化学物質のスクリーニングをはじめ，多くの観点から進められてきた．本稿で紹介できなかった化合物については，くり返し紹介した化合物もあるが，他の総説をご覧いただきたい（沖野，2022, 2021）．付着のしくみに関する研究の進展は目覚ましく，そのような知見を活用した開発がこれまで以上に望まれる．ナノ材料など新しい材料開発も進んでいるので，それらとどのような防汚剤との組み合わせがよいのかも課題である．二酸化炭素排出削減の観点から燃費向上の追い風がある一方で，海洋環境に対する影響に対してより厳しく問われるなかで，新しい解を求める努力が続いている．　　　　　　　　　　　　　　　　　　　　〔沖野龍文〕

文　献

Angarano M., R. F. Mcmahon, D. L. Hawkins and J. A. Schetz（2007）. Exploration of structure-antifouling relationships of capsaicin-like compounds that inhibit zebra mussel (*Dreissene polymorpha*) macrofouling. Biofouling, 23, 295–305.

Dafforn, K. A., J. A. Lewis and E. L. Johnston（2011）. Antifouling strategies: History and regulation, ecological impacts and mitigation. Mar. Pollut. Bull., 62, 453–465.

Hao, H.-H., P. Liu, P. Su, T. Chen, M. Zhu, Z.-B. Jiang, J.-P. Li and D.-Q. Feng（2022）. Sea-trial research on natural product-based antifouling paint applied to different underwater sensor housing materials. Int. Biodet. Biodegr., 170, 105400.

北野克和（2019）．"環境にやさしい"付着防汚剤の開発：付着阻害活性を有する天然物をリード化合物とした付着阻害活性に関する構造活性相関の考察と新規付着阻害物質の創製　海洋生物の化学的防御システムがヒント．化学と生物，57，352-358.

Li, Z., P. Lju, S. Chen, X. Liu, Y. Yu, T. Li, Y. Wan, N. Tang, Y. Liu and Y. Gu (2023). Bioinspired marine antifouling coatings: Antifouling mechanisms, design strategies and application feasibility studies. Eur. Polym. J., 190, 111997.

Lind, U., M. A. Rosenblad, L. H. Frank, S. Falkbring, L. Brive, J. M. Laurila, K. Pohjanoksa, A. Vuorenpää, J. P. Kukkonen, L. Gunnarsson, M. Scheinin, L. G. E. M. Lindblad and A. Blomberg (2010). Octopamine receptors from the barnacle *Balanus improvises* are activated by the α_2-adrenoceptor agonist medetomidine. Mol. Pharmacol., 78, 237-248.

Liu, L., C. Wu, P. Qian (2020). Marine natural products as antifouling molecules — a mini-review (2014-2020). Biofouling, 36, 1210-1226.

McCoy M.(2022). Zosteric acid pitched as paint antifoulant. Chem. Eng. News, 17.

三重野紘央・山崎涼太郎・岡村秀雄（2023）．日本で使用される防汚システムの現状．神戸大学大学院海事科学研究科紀要，20，27-38.

沖野龍文（2022）．船底防汚塗料設計に向けた付着阻害物質の探索と研究動向．「環境対応型塗料・塗装技術」，サイエンス＆テクノロジー，東京，pp.224-233.

沖野龍文（2021）．海洋生物の付着防止技術研究の展開　フジツボとの長い戦い．化学と生物，59，16-22.

Pinori E., M. Berglin, L. M. Brive, M. Hulander, M. Dahlström and H. Elwing（2011）. Multi-seasonal barnacle（*Balanus improvises*）protection achieved by trace amounts of a macrocyclic lactone（ivermectin）included in rosin-based coatings. Biofouling, 27, 941-953.

Skattebøl L., N. O. Nilsen, Y. Stenstrøm, P. Andreassen and P. Willemsen (2006). The antifouling activity of some jevenoids on three species of acorn arnacle, *Balanus*. Pest Manag. Sci., 62, 610-616.

Tanikawa, A., T. Fujihara, N. Nakajima, Y. Maeda, Y. Nogata, E. Yoshimura, Y. Okada, K. Chiba and Y. Kitano (2023). Anti-barnacle activities of isothiocyanates derived from β-citronellol and their structure-activity relationships. Chem. Biodivers., 20, e202200953.

Umezawa T., Y. Oguri, H. Matsuura, S. Yamazaki, M. Suzuki, E. Yoshimura, T. Furuta, Y. Nogata, Y. Serisawa, K. Matsuyama-Serisawa, T. Abe, F. Matsuda, M. Suzuki and T. Okino (2014). Omaezallene from red alga *Laurencia* sp.: Structure elucidation, total synthesis, and antifouling activity. Angew. Chem. Int. Ed., 53, 3909-3912.

3.5　付着生物と船底塗料の働き

　海に生息する生物の中には，フジツボ，ムラサキイガイなどの動物類や，アオノリ，シオミドロなどの藻類といった，いわゆる付着生物と呼ばれる生物の一群が存在する．この付着生物は，そのライフサイクルの一部もしくは大半を，基盤へ固着した形で成長する．ほとんどの付着生物の繁殖には，基盤への付着が必須

であり，付着することなしには子孫を残すことができない．この付着生物は海岸や海底の岩礁以外にも，海中の構造物や海洋を航行する船舶など，海水と接触する面に付着する．これら生物の船底への付着は，航行する船体表面と海水面との摩擦抵抗を増加させ，運航スピードの低下や，運航に必要な燃料の増大など，船舶に対し大きな悪影響を与えてしまう．ここでは，生物との関わりの中で発展してきた船底防汚塗料の技術に関して紹介する．

3.5.1　付着生物が与える船体への影響

海上を航行する船体にも同様にスライム・藻類・動物類などの付着生物が付着する．特に舷側部や平底部の水流抵抗を受けやすい部分への付着は，表面粗度を増加させ，摩擦抵抗の増加をもたらす．その結果，航行スピードを低下させ，航行に必要な燃料費の増大など多大な影響を与える．この部分以外にも，プロペラ，プロペラシャフトやスラスターなどへも付着し，その推進効率を著しく低下させる．エンジンへの負担も大きくなりメンテナンス費用もかさんでしまう．また，燃料消費量の増大により CO_2 排出量の増加につながることや付着生物の越境移動により生態系への悪影響にもつながるため，環境面でも大きな問題となっている．船底防汚塗料は生物付着によるこれらの被害を防ぐ重要な役割を担っている（島田，2010）．

3.5.2　船底防汚塗料開発の歴史

鉛や銅は紀元前数千年前に見つかっていたが，ギリシャ時代（B.C.200 年頃）からこれらの金属が付着生物の付着防止の目的として船底に使用されていた．16 世紀の大航海時代では，太洋に航海に出るようになったものの，有効な防汚手段を見出せていなかったとされている．木造船から鋼鉄船に主役が移った 19 世紀から，船を錆から保護するために塗装される「防食塗料」や生物付着を防止するために塗装される「船底防汚塗料」が開発され，広く使用されるようになった．

船底防汚塗料の種類としては，3.5.4 項記載の塗料設計を経て発展してきた．代表的な初期の船底防汚塗料の組成は，塗膜形成の主要素となる樹脂（バインダー）に，生物付着を防止するための化合物（防汚剤）を混合したものを基本としていた．1970 年代になると，有機スズ化合物を組み込んだ樹脂（有機スズポリマー）をバインダーとする自己研磨型船底防汚塗料（Self-Polishing Copolymer：SPC）が出現した．これは船舶の航行に従い塗膜表面が研磨されるため，塗膜の表面粗

度が低下し，結果として燃費低減に寄与するものである．さらに，加水分解によって水溶化した樹脂とともに海水中に防汚剤（有機スズ）を徐々に溶出させるという特徴も併せ持つ．このように有機スズ系防汚塗料は，海水と接する極表層部でのみ防汚剤の溶出が起こる特性を持つことから，従来型の塗膜に比べ，リーチドレイヤー層（防汚剤が溶出した後の塗膜残渣層）が非常に薄い．そのため，安定した塗膜性能と防汚性能を長期間維持することができる船底防汚塗料であった．高い防汚性能により有機スズ塗料は広く世界中で使用されたが，イボニシなどの巻貝に対する生殖異常が認められたため，国際的に使用が規制されることになった．現在では有機スズを含まない加水分解型の船底防汚塗料が主流となっている（山盛，2005）．

3.5.3　船底防汚塗料の配合技術

ここで，一般的な塗料設計に関して説明したい．塗料とは，対象物の保護・美観・特殊な機能を付与するために，その表面に塗りつける材料のことである．船底防汚塗料は，塗料分野の中では特殊な機能付与に特化しているといえる．当然，顧客からの各色の要望や航行中のメカニカルダメージに対する一定の強度が必要であることから，保護・美観の機能も果たしている．また，塗料は液状の材料をさまざまな形状のものに塗布し，乾燥・硬化の過程を経て固形膜状の材料に変化することができる材料であることも大きな特徴である．したがって，船底防汚塗膜は，防汚性（生物付着）・塗膜強度（耐クラック性）・色相・塗り重ね性（プライマーや旧塗膜）が要求されるだけでなく，被塗物に一定の膜厚を塗布させるための消泡性・チクソトロピー性（タレ性）・乾燥性といった塗装作業性に関わる項目も要求される．そのため塗料は一つの液状材料の中にさまざまな材料を組み合わせることによって，これらの機能を持たせる配合技術が必要とされる．

通常，バインダーに使用される樹脂は防汚性がない．そこで，樹脂中に防汚剤を分散し防汚性を発現させる．加水分解型樹脂に防汚剤を分散させた膜は海水中で樹脂が加水分解し，疎水性ポリマーから親水性ポリマーへと変化することで溶出すると同時に層内の防汚剤が放出される．防汚塗膜表面から防汚剤を効率的に溶出させるために，加水分解性樹脂の設計だけでなく，溶出調整材料としてロジン（松ヤニ成分）などを配合し，塗膜の溶出量の制御を行っている．船底防汚塗膜は，いかに防汚剤成分を表面近傍に維持させるかが重要であり，そのために自ら表面を更新させる特殊な塗膜設計が必要とされる．

3.5.4 船底防汚塗料の種類

(1) 拡散型防汚塗料

有機スズポリマーが出現するまでの船底防汚塗料は，海水に対して安定な塩化ゴムをバインダーとして用い，これに塗膜内部に海水を呼び込む作用のあるロジンを加えた拡散型防汚塗料が用いられていた．拡散型防汚塗料は，ロジンの作用で塗膜内部に海水が呼び込まれ，塗膜中に分散されている防汚剤（主に亜酸化銅が防汚剤として使用されている）が溶出し塗膜内部から海水中に放出され防汚機能を発揮する．塗膜内部と表面では防汚剤の濃度勾配が生じ，防汚剤の溶出は濃度の低い表面へ拡散して溶出していくメカニズムである．このため，拡散型塗膜では初期は海水接触表面の防汚剤が多量に海水中に溶出し，有効成分が表面近傍に多量に存在するが，期間が経つにつれ防汚剤の溶出量は減少し，やがて生物付着の防止に必要な防汚剤量以下となり，船底に生物が付着する．このように拡散型防汚塗料の場合，防汚剤は濃度勾配により溶出するため防汚寿命が約 1.5 年程度である．また海水と接触する塗膜の表層面では，防汚剤が溶出した後に残る樹脂の残存層（スケルトン層）が形成される．このスケルトン層は塗膜表面の凹凸を大きくし，船舶と海水との摩擦抵抗を増大させてしまうことや塗膜の成分が溶出された層であるために脆弱化されており塗膜異常（クラックや塗り重ね時のスケルトン層からの剝離）につながることがある（図 5.1）．

(2) 崩壊型防汚塗料

有機スズポリマーの海洋溶出による海洋汚染から有機スズの使用が規制され，

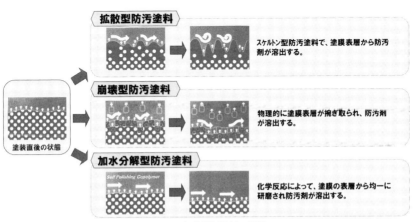

図 5.1 船底防汚塗料の種類

新しい自己研磨型塗料が望まれていた．この中で拡散型塗料よりロジンの量を増量し，塗膜内に海水が呼び込まれやすく設計された崩壊型塗料が開発された．塗膜内部の呼び込まれた海水によって水和されたロジンが溶出し，有効成分の溶出と摩擦抵抗で塗膜を消耗させるメカニズムである．ロジンは加水分解性樹脂よりも低分子であり，溶出が速く初期の防汚性に優れているが，航行後の旧塗膜の堅脆さが問題で，塗り替え時の前処理が難しく，塗膜異常（クラックや塗り重ね時のスケルトン層からの剥離）につながることがある（図5.1）．

(3)　加水分解型防汚塗料

　加水分解型塗膜では，樹脂が海水と接することにより樹脂の一部が加水分解し，親水化された樹脂は海水中に溶出するように設計されている．このとき塗膜内に含まれている防汚剤も同時に溶出し，新しい塗膜面が現れる（図5.1）．この過程を順次くり返すことで常に新しい塗膜に更新され，いわゆる「Self-Polishing：自己研磨作用」が生まれる．この研磨作用は塗膜表面の凸部で優先的に起こるため，塗装時に存在する塗膜表面の凹凸が船舶の航行による自己研磨作用で塗膜表面が平滑になり，塗膜抵抗が低下し燃費が低減する（図5.1）．有機スズポリマーを使用した船底防汚塗料もこの種類である．しかし，有機スズの規制により，代替材料として樹脂の側鎖に金属塩（たとえば銅，亜鉛）を導入した金属アクリル樹脂や有機シリル化合物を導入した有機ケイ素樹脂が開発された．海水中は$pH \fallingdotseq 8.2$の微アルカリ性雰囲気で樹脂中の金属塩（銅，亜鉛）が海水中のアルカリ金属と交換し，有機スズポリマーと同様のメカニズムで樹脂は親水性になり海水に溶出する．このとき，樹脂中に分散されている防汚剤の溶出量は樹脂の溶出量に比例しており，この防汚剤の溶出量を防汚限界値以上に設計することで，拡散型塗膜に比べ不必要な防汚剤の溶出を抑制するとともに，塗膜が存在する限りは防汚性能を保持することができ，拡散型塗膜より長期の防汚性能が得られる（山盛，2005）．

3.5.5　親水・疎水ドメイン構造を活用した船底防汚塗料

　現在主要な生物付着を阻害する船底防汚塗料は前述のとおり，海洋生物の付着を防止するための薬剤（防汚剤）を塗料に分散させて使用している．この防汚剤は環境中に放出されながら効果を発揮するものであるが，近年，海洋環境への悪影響が懸念されており，各種防汚剤は各国で厳しく規制されている．そこで防汚剤とは異なる防汚性能を発揮する表面機能として親水・疎水ドメイン構造が挙げ

られる．これは，付着生物の基質認識と付着が細胞レベルで行われているとすれば，生体内の細胞の異物認識過程が付着を律速しているとする考え方である．生体内の細胞が基質表面に接着する場合，接着に伴って細胞膜を構成するタンパク質や脂質の集合状態や流動性が変化し，その変化が刺激となって細胞内部へ伝達され，形態変化や，内容物の放出といった活性化が引き起こされると考えられている．片岡によると，官能基が均一に分布するような材料表面に細胞が接触すると，その官能基と強く相互作用する細胞膜成分が材料と細胞との接触面で高密度に分布し，異物認識が起こる．一方，異なる種類の官能基がドメイン状に分布する表面においては，ドメインを構成する官能基に応じて，異なる種類の膜構成成分が集合するために，材料と細胞の接触面では広範での同種類の膜タンパク質の集合体は形成されにくく，細胞膜は非接触時に近い状態となり，細胞内部への刺激の伝達が阻害され，細胞の異物認識が起こらない（片岡，1983）．

　フジツボの幼生は着生の前段階として，付着基質表面において一時付着と表面の探索を行う．この探索行動によって，付着基質の表面および周辺環境が着生に好適であると判断した場合，幼生は接着物質を分泌し固着を遂げるが，不適当と判断した場合には再び遊泳して別の場所を探す．筆者らは，幼生の基質認識は細

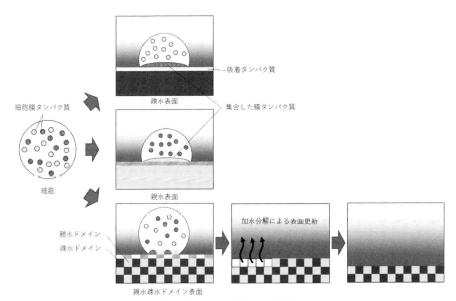

図 5.2　親水疎水ドメイン構造の防汚機構イメージ

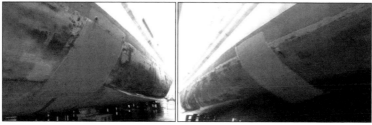

図 5.3 親水・疎水ドメイン構造による防汚剤フリー自己研磨型船底防汚塗料のフィールドテストの結果(施工後 12 か月後の様子)(口絵 8 参照)
トモ側(船尾側)の左:右舷側,右:左舷側における付着物の状況.左右とも中央部の四角い部分が塗装箇所.

胞レベルで行われているという仮定のもと,幼生は親水・疎水ドメイン表面を異物として認識しないため,一時付着や探索行動が起こらず,結果として親水・疎水ドメイン表面は防汚性を発揮すると考えた.しかしながら,海水中には付着生物以外にも溶存している無機イオンや生物由来の有機成分などがあり,これらの成分は塗膜表面に容易に付着することが考えられる.長期間海水中に浸漬されたドメイン構造を持つ塗膜表面では,そうした付着物質によって塗膜表面が覆われ,防汚表面(親水・疎水ドメイン)を最表面に維持できなくなる.このような問題を解決するため,筆者らは塗膜に加水分解性を持たせることで,塗膜更新が起こりドメイン構造を常に表面に維持することを実現した(図 5.2).こうして作製された親水・疎水ドメイン防汚塗料を船舶に対して塗装し,フィールドでの性能試験を行った.船舶は施工後 12 か月間航行し,その後ドック入りした.図 5.3 は入渠時に撮影された船底の様子である.結果から,塗装部(左右図の中央四角い部分)には付着物がほとんど見られない一方,他の箇所にはスライムや藻類の付着が多数見られた.このように,親水・疎水ドメインによる防汚剤フリー自己研磨型船底防汚塗料は,海洋環境下において防汚性を長期間持続することに成功している.

3.5.6 ナノドメイン構造を活用した防汚剤の低溶出化

筆者らは,さらに親水・疎水ドメイン構造が有する防汚機能をヒントに,防汚剤の環境中への放出が少ない船底防汚塗料の開発を行った.防汚剤によって生物付着を防止する船底塗膜は,有効な防汚剤を有効な濃度で放出する徐放性を備えていなければならない.すなわち,防汚剤の放出量が生物の付着防止に必要な最

小量以下になると，膜中に防汚剤が残存していても生物付着が起こり，防汚塗膜として働かなくなる．加水分解樹脂を用いた船底防汚塗料では，加水分解の速度によって防汚剤の放出量をコントロールしている．筆者らは，防汚剤の溶出メカニズムとして防汚剤がイオン化し，溶出する現象に着目した．さまざまな配合検討を行った結果，船底塗膜表層に親水・疎水ナノドメイン構造（図5.4）を形成させることで，従来型と比較し防汚剤の放出量が少なくても防汚性能を発現することを見出した．これはナノレベルで分布している親水性ドメインは，徐々に防汚剤を拡散させる役割を果たす一方，疎水ドメインは拡散された防汚剤を塗膜表層に保持することによるものである．このように塗膜表面の更新時に必要な防汚剤濃度を表面に十分に保持することができるため，防汚性能を維持しつつ防汚剤の低溶出化を実現することに成功した（図5.5）．

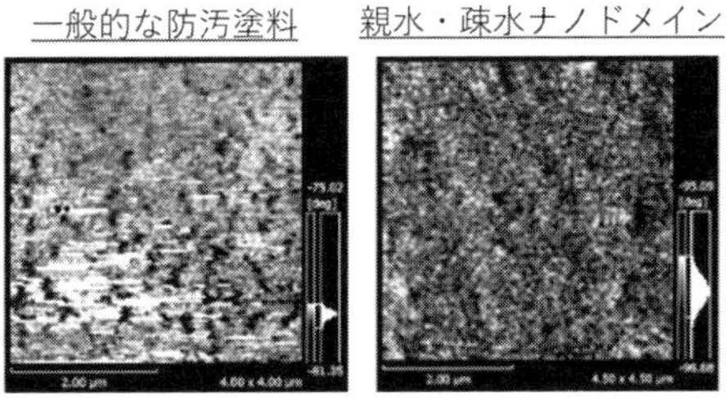

図5.4 走査型プローブ顕微鏡によるドメイン構造の観察

3.5.7 おわりに

この節では，船底への付着生物の付着を防ぐために発展してきた船底防汚塗料の歴史や塗料設計に関して紹介した．また海洋環境に与える影響を最小限に抑えるため防汚剤の環境への放出を低減する一つの手段として，親水・疎水ドメイン構造を用いた船底防汚塗料を取り上げた．船舶が環境に与える負荷を低減しようとする試みは，各方面で取り組みが進められている（川越，2010）．

船底防汚塗料は，これらの問題の解決に貢献できる一つの有効な手段として発

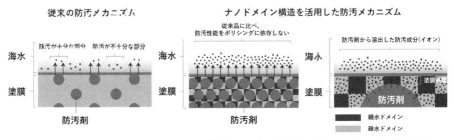

図5.5 親水・疎水ナノドメインを活用した防汚メカニズム（出典：日本ペイントマリン株式会社）

展していくものと考えている．しかしながら親水・疎水ドメイン構造による防汚性の発現は，まだ未解明の部分が多く，防汚機構の解明は大きな課題である．我々は塗膜の防汚機構だけでなく，付着生物の付着機構の観点からも研究に力を注いでいる．

〔永瀬靖久〕

文　献

片岡一則（1983）．材料表面と細胞との相互作用解析－細胞の粘着制御をめざして－，表面，21(7)，385-396.

川越美一（2010）．船社における環境保全への取り組み，日本マリンエンジニアリング学会誌，45（4），96-101.

島田守（2010）．船底防汚塗料による船舶の GHG 削減技術，日本マリンエンジニアリング学会誌，45（6），50-54.

山盛直樹（2005）．TBT ポリマーに替わる新しい防汚塗料用樹脂，日本マリンエンジニアリング学会誌，40（1），20-22.

Column 3　生態防汚とバイオミメティクス

筆者の知る限り“付着生物学”という名前のついた学問は存在しないものの，人間と付着生物との関わりは多岐にわたり，さまざまな分野の人々が付着生物を対象に研究している．人間から見た場合，カキやコンブなど一部の二枚貝や海藻は重要な水産資源である．また多くの場合，フジツボやイガイなどは船底などを汚損するやっかいな存在とみなされる．ワカメは日本国内では食用として重宝される一方，海外では迷惑な外来種として嫌われる．付着生物に限らず，個々の生物種との関係性において，現代の科学技術は人間活動の最大化を目標に発展してきた．人類が手にすることのできる資源が今よりも限られていた頃は，それでもよかったかもしれないが，今日ではそのような考え方により，海洋汚染や生物多様性の減少といった問題が引き起こされている．その結果，自然環境を保全しつつ，経済発展をし続けるという矛盾を人類は抱えることとなった．

持続的発展の手がかりを自然界に求めた結果，人類が高温・高圧環境下で，希少元素の使用により実現している材質の高機能性を，生物は常温・常圧環境下にて，ありふれた元素（汎用元素）で実現していることが明らかとなってきた．生物多様性は，衣食住の供給や気候の安定といった生態系サービスに加え，さまざまな環境に適応するために長い時間をかけて培われた生物の知恵を我々に授けてくれる．近

年の電子顕微鏡やマイクロ CT などによる観察技術の向上や，ナノインプリント技術など加工技術の向上は，材料分野におけるバイオミメティクスに飛躍的発展をもたらした．サメやカニなどの生物の表面微細構造から着想を得た，緑藻の遊走子やバクテリアの付着・成長を阻害する材質や，海洋生物表面の含水軟組織（ハイドロゲル）状態に着想を得た付着防止ゲルなどの生物模倣技術はその一例である（Yan, 2020）．また，イガイやフジツボの接着物質は優れた水中接着剤であり，これを模倣した水中接着技術は医学・工学分野から注目されている．バイオテクノロジーは生物から有用物質を取り出し利用するのに対し，バイオミメティクスは生物の持つ特異な構造，機能，生産プロセスをものづくりに活かす科学技術であり，両者は区別される．このように自然に学ぶバイオミメティクスは，持続可能な社会を支える次世代の科学技術として注目されるものである．しかしながら，人間活動を中心に据え，自然支配を基盤とした科学技術では，将来予測される厳しい地球環境制約に対する根本的な解決はなし得ない．

今から 30 年以上前，日本付着生物学会初代会長の梶原武は，防汚塗料の使用などによりほぼ完全に付着生物による汚損を防ぐ技術を“完全防汚”とし，種間競合を含む生物の生理・生態的知見を生物防除に利用し，その付着量を低い水準に保持する技術を“生態防汚（制限防汚）”と提唱した（梶原，1991）．ウニ類の生態の理解に基づく防錆塗膜損傷の軽減や，リアルタイム PCR や画像解析の活用による付着生物出現時期の予測技術などはその例である（小林，2012）．沿岸部における生態系において，付着生物は主要な位置を占める生物群であり，海と陸を繋ぐ沿岸部の物質循環を考えても，これらを完全に取り払うことは健全な海洋開発とは言いがたいであろう．また，すべての海洋構造物に対して機能保持のために完全防汚が必要とも思われない．多くの付着生物は，幼生拡散と定着をくり返す中で群集を形成する特徴を持つ．拡散した幼生が集まり群居するためには実に多くの仕掛けが存在し，付着基質への付着はその一過程に過ぎない．付着生物の生物学的知見を養い，機能を損なわない程度の付着を許容する（付着生物とうまく付き合って行く）ことが生態防汚において重視される．

近年，工学の視座を持つ研究者から，単に自然や生物の一側面を切り取って模倣するのではなく，ライフスタイル（価値観）の変革や，生態系の模倣がこれからの科学技術に必要であることが提言されてきている．ネイチャーテクノロジーの考え方では，“今”の地球環境を原点として捉えるフォーキャスト思考では，省エネに代表されるような我慢を強いるテクノロジーしか出てこないとし，将来の厳しい地球環境制約の中でも心豊かに暮らせるライフスタイルを描くこと（バックキャスト思

考）から，最も効率的な自然の循環の中にそれに必要なテクノロジーを求める（石田，2016）．個々の生物の模倣から始まったバイオミメティクスは，エコミメティクスともいうべき生態系の模倣へと至り，アリや蝶の動態に学ぶ群れのバイオミメティクスや，生態系に学んだ都市設計などが近年なされてきている（下村，2022）．エコミメティクスの説明の中で下村は，自然は“人間”と“人間ならざるもの”から成り立っており，“人間ならざるものの世界観”に視座を置いて，科学技術を見直す必要性を説いている．制約された環境において豊かに生きるために生物の視点を持つ．これは生態防汚に繋がる思想ではないだろうか．ある種の生物を有益・有害とみるのは人間の視点である．付着生物の視点から水産増殖や付着防除を見つめ，自然共生型の技術革新を図る．それがこれからの“付着生物学”に求められ，また“付着生物学”が応えられることではないだろうか． 〔室﨑喬之〕

文　献

石田秀輝（2016）．未来を創るあたらしいテクノロジーのかたち．日本知財学会誌，13，23-29.

梶原武（1991）．付着生物研究の現状と将来の方向．「海洋生物の付着機構」（梶原武監，水産無脊椎動物研究所編），恒星社厚生閣，pp.1-9.

小林聖治・勝山一朗（2012）．「生態防汚」の考え方とその事例（2）―生き物の声を聞く．マリンエンジニアリング，47，653-656.

下村政嗣（2022）．人新世のバイオミメティクス　～環世界の共存に向けて～．計測と制御，61，4-8.

Yan H., Q. S. Wu, C. M. Yu, T. Y. Zhao and M. J. Liu (2020). Recent Progress of Biomimetic Antifouling Surfaces in Marine. Adv. Mater. Interfaces, 7, 2000966.

第4章
付着生物と人為的影響・環境変動

4.1 バラスト水の管理

　付着生物の中には，その生活史の一部を浮遊幼生（＝プランクトン）として生活する種が存在する．この浮遊幼生の移動および分布域の広域化の手段の一つに，船舶バラスト水が挙げられる．この船舶バラスト水に取り込まれた生物は，移動先において定着し分布域を広げるばかりでなく，種によっては外来種として移動先で生態系や人間活動に影響を及ぼすことがある．本節では，生物の移動および分布域広域化の手段の一つであるバラスト水とその管理に関する最近の動向について紹介する．

4.1.1　船舶のバラスト水とは，どんなもの？
　船舶バラスト水とは，貨物船やタンカーなどの大型船舶が空荷時に船舶の安定性を確保する目的で，船舶が"おもし"として船内（バラストタンク）に積載している海水あるいは淡水のことである．このバラスト水は，船舶の移動に伴い，積載した場所とは異なる水域（港湾）で排出される．荷降ろし港において，船舶の周辺水は荷降ろしの進行にあわせて船舶の安定性を保つ目的で船内にバラスト水として積載（漲水）される．荷積み港においては，バラスト水が荷積みの進行にあわせてその港内に排水される．このバラスト水の中には水生生物も含まれているため，排出先の港内水の環境（水温，塩分など）がその生物にとって快適であった場合には，その港湾に定着して大増殖する可能性がある．特に，①その生物の天敵（捕食者）がいない場合，②餌となる生物が十分に存在する場合，③水温や塩分などの環境条件が生存および増殖に適している場合，といった3つの条

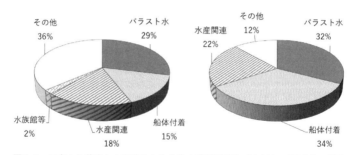

図1.1 日本から移出および移入した生物の移動要因比（大村ら，2014を一部改変）
左：移出した生物の移動要因比，右：移入した生物の移動要因比．

件を満たした際に，運ばれる生物量が少なくても定着する可能性が大きくなり，その頻度が高い場合において定着する割合はさらに高くなる．日本は製品原料や原油・鉱石などを大量に輸入して国内消費し，比較的少量の製品を輸出する形の貿易形態であるため，バラスト水量は年間約2億5000万トンが国内港湾から持ち出され，日本に持ち込まれる水量はわずか830万トンとの報告がある（大村ら，2014）．そのため，日本にいる生物が国外に分布を広げる機会のほうが，国外から生物侵入を受ける機会より多いと考えられる．水生生物の人為的な移動手段には，船舶バラスト水，船体付着，水産関係などがあり，日本から移出および日本へ移入した生物の移動要因比を調べると，そのどちらでもバラスト水が約3分の1を占めていた（図1.1）．これまでに，バラスト水や船体付着などの移動手段によって移動・定着したとされる海産外来種は，全世界で300種を超えるといわれている（Molnar et al., 2008）．

4.1.2 バラスト水に取り込まれる生物

　バラスト水は，船舶のシーチェストと呼ばれる船腹にある取り込み口から取り込まれる．その部分には，船内（バラストタンク内）に大きな異物を取り込むことのないように1～2 cm程度の網目（隙間）の金網が張られている．そのため，体の厚みが約1 cmを超える生物は取り込まれないが，それ以下の大きさの生物，特にプランクトンは容易に取り込まれる．バラスト水として取り込まれる生物は，細菌やウイルス，植物プランクトン，動物プランクトン，海藻の4つのグループに大きく分けられる．なお，底生生物の貝類や付着生物がバラスト水として取り込まれることが知られているが，多くの場合，これらは成体が取り込まれるので

 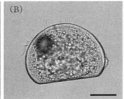 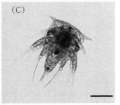

図1.2 (A) 多毛類(ゴカイ類)の幼生(スケールバー:500μm), (B) 二枚貝類の幼生(スケールバー:50μm), (C) フジツボ類のノープリウス幼生(スケールバー:100μm)

はなく,卵や幼生の時期の動物プランクトンの形態(図1.2)でバラスト水に取り込まれて移動する.海外から国内に移入した付着生物の一例には,ヨーロッパフジツボやアメリカフジツボが知られている(大谷,2004;岩崎,2007 など).

4.1.3 バラスト水管理条約とは

バラスト水に混入し移動した生物が世界各地で繁殖し,中にはさまざまな問題が生じたため,水生生物の移動を防ぐ目的で2004年に国際海事機関(International Maritime Organization:IMO)において"2004年の船舶バラスト水および沈殿物の制御および管理のための国際条約"(以下 バラスト水管理条約)が採択された.バラスト水管理条約は,22の条文とAからE部までの5部の附属書から構成され,付随文書として14のガイドラインがある(ガイドラインの一つのG8は,現在 BWMS Code となっている).ここでは,主に生物分析に関連する部分を概説する.バラスト水管理条約は,条約の発効要件を10年以上満たさなかったが,2016年9月8日に発効要件を満たした.条約の発効は,発効要件を満たした日から1年後の2017年9月8日である.現在,国際的な物流に従事する貨物船,客船,漁船なども含め総トン数400トン以上の商船は,本条約に従って運航している.バラスト水管理条約では,バラスト水中の生物量に関する排出水の水質基準(D-2規則)を設けており(表1.1),バラスト水中の生物を除去あるいは殺滅し排水基準を満たすためのバラスト水処理設備の設置が義務付けられている.条約の発効後は,新造船だけでなく既存船にも順次適用されている.バラスト水処理設備は,IMOの委員会の一つ,海洋環境保護委員会(MEPC)において採択された「バラスト水処理設備の承認のためのコード(BWMS Code, RESOLUTION MEPC 300 (72))」(旧承認基準として,旧ガイドライン(G8)が存在)に従って試験を行い,各国の担当主管庁において承認を得る必要がある.

4.1.4　バラスト水処理設備とは

　バラスト水処理設備とは，バラスト水中の生物の移動・拡散を防ぐために，バラスト水管理条約において船舶へ搭載が義務づけられている生物処理（分離除去・殺滅）のための装置のことである．BWMS Code の承認を得ている処理設備の処理法は，フィルターと何らかの処理のコンビネーションから構成されている処理設備が多くを占めている．その生物処理に関する概要は，フィルターで最小サイズ 50 μm 以上の生物（以下 L サイズ）を除去し，その後薬剤や紫外線などで最小サイズ 50 μm 未満，10 μm 以上の水生生物（以下 S サイズ）および指標細菌を殺滅する．

　バラスト水管理条約では，上述のように船舶から排出されるバラスト水に含まれても良い生物量が条約附属書の D-2 規則に規定されている（表 1.1）．この規則が他の生物基準と大きく異なる点は，この規則に記されている対象となる生物は生きている生物であり，死んだ生物を何個体排出しようとも問題にはならない．バラスト水処理設備を搭載した船舶が条約を守っていることを確認するには，排水されるバラスト水に生きた生物がいくつ入っているかを正確に計数することが求められるのである．以下にバラスト水処理設備を開発・評価する際の生物計測における難しさについて概説する．

　L サイズと S サイズの長さの基準である最小サイズ（表 1.1）とは，生物の長さ・幅・厚みの測定項目の中で最も小さい項目の最大値のことである．なお，従来の生物学では一般に長さ（最大長）を生物の大きさとしていることが多い．したがって，これまでに出版されている図鑑などに記載されているプランクトンの大きさの情報は，最小サイズの判断情報として一切利用できないこととなり，常に観察・計数時に個体ごとに計測する必要がある．そのため観察には，顕微鏡および水生生物（特にプランクトン）の観察技術を持つ特殊技能者が必要になる．

表 1.1　排水基準 D-2 規則

最小サイズが 50 μm 以上の水生生物 [a]		10 個体/m³ 未満
最小サイズ 50 μm 未満，10 μm 以上の水生生物 [a]		10 個体/mL 未満
指標細菌	大腸菌	250 cfu[b]/100 mL 未満
	腸球菌	100 cfu[b]/100 mL 未満
	コレラ菌 （セロタイプ O1 あるいは O139 株）	1 cfu[b]/100 mL 未満，または動物プランクトンのサンプル 1 cfu[b]/g 未満（湿重量）

[a] いずれも "viable organism（増殖可能な生物）" のみ対象
[b] cfu（colony forming unit）とは，細菌類を培地で培養し，形成されたコロニー数のこと．

最小サイズの決定例を図1.3に示す.

次に生死判定法である．上述の表1.1にあるように"viable（増殖可能性）"を評価する必要がある．これは，「死んでいる生物を何万個体運んでも増える可能性がないために無害であるが，生きて増殖可能な生物を1個体でも運ぶことは有害である可能性がある」という考え方で，排水バラスト水中の生物の計数対象を「生きていて，増殖可能な生物」に限定するためにD-2規則に入れられた用語である．その難しさは，生死および増殖能力の有無の判定が容易ではないということである．プランクトンとは，直接会話をすることができないので，生物活性が高い（元気に生きている）のか，死んでいるのかという判断が難しいのである．たとえば，動物プランクトンの生死は顕微鏡下で見る限り，外観に異常

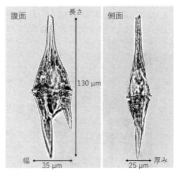

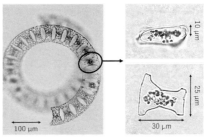

図1.3（A） Sサイズ生物の最小サイズの決定例
上：渦鞭毛藻類 *Ceratium furca*，下：珪藻類 *Eucampia zodiacus*.

がなければ生きていると考えるのが妥当かもしれない．しかしながら，バラスト水の処理では殺すための処理をした後であるため，「生きていない」あるいは「増殖しない」と判断したことの証拠が必要になるのである．

BWMS Code におけるその判断基準は，①形態の変化，②運動性（運動性を有する生物），③染色法による細胞内活性状態の変化，④再成長試験の4つである．上述の①および②は，顕微鏡下で観察することによって評価できる．たとえば，②の判断の際に静止している個体は，針（微針）やまつ毛を取りつけた棒を用いて，顕微鏡下で静止している個体を優しくつついたりして，動き出すかどうか確認することができる．なお，その際には，正常な個体の形態・色調および運動性を有するか否かを知っている必要があり，専門的な知識を必要とする．また④も，適切な培地と培養条件で培養することによって増殖能の有無を評価できる．③の染色法は，細胞の破損がないあるいはもともと運動性がない生物に関しては判断

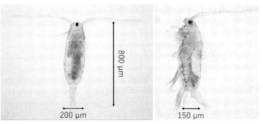

最小サイズは 150 μm → L サイズ

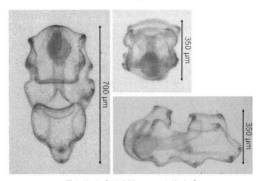

最小サイズは 350 μm → L サイズ

図 1.3（B） L サイズ生物の最小サイズの決定例
上：カイアシ類，下：ヒトデ類のビピンナリア幼生．

が難しいため，試薬を用いて蛍光染色し，その発光の有無から生死を判定するものである．この判断基準を用いる際の注意は，瀕死状態の細胞も光る（染色能を有する）ことがあり，このような状態のものは一体どのように判断するのか検討が必要である．そのため，検査時に染色能を有する個体は生きている（増殖可能）と判断するといった基準を設けて実施する必要があるだろう．また，このような染色試薬は使用する前に，試薬濃度や染色時間および温度に十分な検討を行い，染色方法の妥当性を確認する必要がある．染色試薬としては，FDA, CMFDA, Calcein-AM などが知られている．その際の観察には蛍光顕微鏡を用い，正常な生きた個体は，非常にきれいな黄緑色の蛍光が確認できる（図 1.4 および口絵 9）．

4.1.5 まとめ

バラスト水による生物の移入・拡散問題に対して，バラスト水管理条約の発効により，バラスト水処理設備の搭載が義務化されたことで，良い成果を生むことが期待される．

4.1 バラスト水の管理

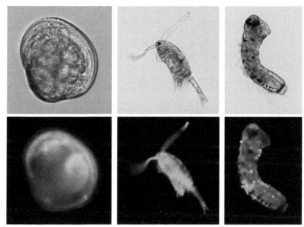

図1.4　染色試薬を用いた観察例（口絵9参照）
上段（明視野）：左から二枚貝類の幼生，カイアシ類，多毛類の幼生．下段（暗視野（染色観察））：左から二枚貝類の幼生，カイアシ類，多毛類の幼生．上段と下段は同じ個体の顕微鏡写真．

　バラスト水管理条約は，バラスト水を介した水域生態系の攪乱やさまざまな社会被害を引き起こす可能性のある水生生物の移動を防ぐための条約である．本条約の効果を判断するには，条約発効後の水生生物の移入実態や生態系への影響の有無を調べる必要がある．しかしながら，外航船が寄港する港湾の船舶停泊地域における経時的な生物の移入あるいは侵入に関する調査例は少ない．バラスト水管理条約の効果の評価および今後のバラスト水管理条約の改正に資するため，外航船が寄港する港湾および周辺海域における生物の移入あるいは侵入に関する学術的な調査やデータの収集・蓄積が今後必要になると考えられる．

　そのためにも，皆さんの住んでいる地域の海に興味を持っていただき，どんな生物が住んでいるのか，その生物は昔から生息しているのか，あるいは，これまでには見つかったことのない生物であるのかといったことにも注目しながら海の生物とお付き合いいただきたい．　　　　　　　　　　　　　　　〔大村卓朗〕

文　　献

岩崎啓二（2007）．日本に移入された外来海洋生物と在来生態系や産業に対する被害について，日本水産学会誌，73，1121-1124．

Molnar, J. L., R. L. Gamboal, C. Revenga and M. D. Spalding (2008). Assessing the global threat of invasive species to marine biodiversity. Front. Ecol. Environ., 6, 485-492.

大谷道夫(2004). 日本の海洋移入生物とその移入過程について, 日本ベントス学会誌, 559, 45-57.
大村卓朗・野間智嗣・北林邦彦・吉田勝美・斎藤英明 (2014). 日本におけるバラスト水および水生生物の移出入の実態, La mer, 52, 13-22.

4.2 外来付着生物・ミドリイガイの国内分布特性

　日本に定着した海産外来種の中で，付着性の貝類では地中海が原産地のムラサキイガイがよく知られているが，そのほかにもオーストラリア・ニュージーランドが原産地のコウロエンカワヒバリガイ，メキシコ湾カリブ海が原産地のイガイダマシ，北アメリカ太平洋沿岸が原産地のシマメノウフネガイなど，さまざまな地域より日本沿岸に移入された例がある（日本生態学会編，2002）．筆者が注目したミドリイガイ *Perna viridis*（以下，本種と略す）（図2.1）は，熱帯域の西太平洋・インド洋の沿岸各地を原産地とするイガイ科二枚貝である．1967年に兵庫県御津町（現たつの市）の瀬戸内海岸（図2.2）に打ちあがった死殻の発見が，本種の日本での発見記録の最初とされる．以降2010年代まで日本沿岸での出現の経緯が比較的詳細に把握されている種であろう．本節では，本種の日本国内における分布の変遷と，それに関わる要因について概説する．

4.2.1 初発見以降2003年ごろまでの国内分布

　1967年の初発見に続き1968年に兵庫県御津町に近い相生港で見つかった後，本種の発見記録は10年以上途絶えた．1980年代に入り1980年和歌山県南部町，1983年高知県大月町，1984年大阪府岬町の西日本各地で点々と見つかり，大阪府下の大阪湾沿岸では1988年以降発見記録が増え，1993年以降はさらに大阪湾から西方の播磨灘沿岸の姫路市の海岸を中心に発見記録が得られた．
　東日本では，1985年に東京都江東区と千葉県船橋市，1986年に川崎市や横浜市で見つかるなど，東京湾内でも本種が見られる

図 2.1　ミドリイガイの付着状況（横浜港，2023年1月撮影）
写真の方形枠は1辺10 cm．

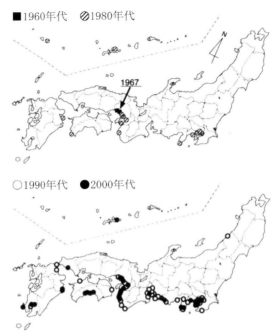

図 2.2 アンケート調査によって得られたミドリイガイの日本国内の分布
上：1960年代および1980年代の発見地点，下：1990年代および2000年代（2003年まで）の発見地点．矢印の地点は1967年に日本で初めて本種が見つかった地点を示す．日本ベントス学会の転載許可を得て，岩崎ら（2004）より作成．

ようになった．関東沿岸ではその後1988年の藤沢市と真鶴町の相模湾，1992年の千葉県鴨川市の外房太平洋，1993年の沼津市の駿河湾と年を追って東京湾から周辺海域へ発見地点が拡大した．

中部地方の太平洋岸では，1991年に伊勢湾内愛知県美浜町沖の底引き網での混獲が最も古い記録で，その後1992年静岡県浜松市での漁業混獲，1995年の愛知県碧南市・美浜町で付着生貝が見つかった事例へと生息確認が進んだ（以上　植田，2001）．

2003年に日本ベントス学会が実施した日本における海産生物の人為的移入と分散に関するアンケート調査で，本種のその時点までの日本国内の分布状況が報告されており，本種が東は房総半島から，西は九州沖縄の太平洋岸と瀬戸内海岸で見つかっており，特に，東京湾と隣接海域，伊勢三河湾と隣接海域，紀伊半島・

大阪湾・播磨灘の海岸に分布する状況が見られた（図2.2）（岩崎ら，2004）．

4.2.2　2005年以降の西日本を中心としたミドリイガイの生息状況

　先のアンケート調査などから，2003年時点で関東地方沿岸から西日本にかけての太平洋岸で本種の生息情報が得られたが，中国・四国・九州地方のうち，九州地方西岸の熊本県から佐賀県にかけて，東岸の宮崎県沿岸，中国地方と四国地方の瀬戸内海岸，および中国地方の日本海岸あたりで分布拡大の可能性のある地域での情報が得られていなかった．そこで2005年から筆者自身が現地を踏査した（図2.3）．2005年4月10日〜11日に四国地方の高知県と愛媛県の海岸10地点で調査した結果，高知県宿毛市（Ko1，Ko2）2地点，土佐市（Ko6）1地点，高知市（Ko7）1地点，夜須町（Ko8）1地点，愛媛県愛南町（E1，E2）2地点，津島町（E3）1地点の合計8地点から付着生貝や死殻が見つかった．同年7月20日〜22日に九州地方の大分県，宮崎県，鹿児島県の海岸15地点で調査した結果，大分県佐伯市（O1），宮崎県日向市（M3），宮崎市（M2），日南市（M1）各1地点，鹿児島県志布志町（Kg1，Kg2）2地点の合計6地点から付着生貝や死殻が見つかった．1980年代に本種を養殖しようとした沖縄県では，2005年9月6日に名護市の名護漁港，羽地内海漁港，大宜味村塩屋湾内塩屋大橋橋脚付近で調査を行ったが見つからなかった．2006年6月12日〜14日に長崎県，佐賀，熊本県，

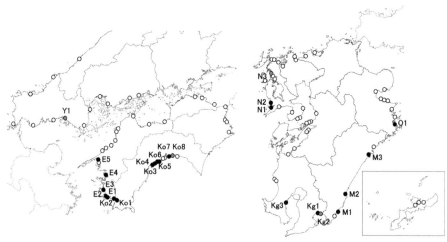

図2.3　中国地方・四国地方（左）と九州・沖縄地方（右）でミドリイガイの生息状況を調査した地点（○）と生貝発見地点（●）および死殻発見地点（◉）

鹿児島県の海岸17地点で調査した結果，長崎県長崎市の長崎港内の漁港（N1）1地点で付着生貝が見つかった．2009年24日〜27日に福岡県，佐賀県，長崎県，熊本県，鹿児島県の海岸26地点で調査した結果，長崎県長崎市（N1，N2）2地点と鹿児島県鹿児島市の漁港（Kg3）1地点から付着生貝が見つかり，長崎県佐世保市の海岸（N3）では，投棄されたマガキ殻堆積塊から死殻破片2片が見つかった．2010年2月18日〜19日，4月6〜7日，7月11〜13日，11月15〜16日，12月22日にわたり四国地方の徳島県，香川県，愛媛県，高知県の海岸28地点で調査した結果，愛媛県八幡浜市（E5）と宇和島市（E4）各1地点，高知県高知市（Ko7）1地点と須崎市（Ko3，Ko4，Ko5）3地点の合計6地点で付着生貝が見つかった．この年の調査で徳島県阿南市〜愛媛県大洲市の紀伊水道から瀬戸内海の海岸では本種が見つからなかった．2011年5月16日〜18日に中国地方島根県，山口県，広島県の日本海と瀬戸内海の海岸で調査した結果，山口県周南市の徳山漁港（Y1）でコンクリート防波堤に付着した状態の死殻を発見した．一連の調査から，2005年から2011年までに西日本で本種が見つかったのは北のほうから，山口県，愛媛県，高知県，大分県，長崎県，宮崎県，鹿児島県の主に太平洋から瀬戸内海の西部および東シナ海に面した地点であることがわかった．この期間には瀬戸内海の四国側の徳島，香川，愛媛の三県からは本種は見つからず，調査地点が少ないものの中国地方側の広島県や山口県東部でも見つからなかった．九州地方から中国地方の島根県にかけての日本海の海岸でも本種は見つからなかった．

4.2.3　西日本での分布拡大要因

前述の一連の分布調査の中で本種が見つかった場所に共通の特徴が見られた．特に，調査前まで周辺の地域で生息の記録がなかった長崎県，宮崎県，鹿児島県西部では，見つかった場所が比較的大規模な港湾施設かそこに隣接した漁港で，本種の見つかった宮崎県日向港，油津港，宮崎港，鹿児島県志布志港は2003年以前から本種が広く生息するとされた東京湾や大阪湾と長距離フェリーなど定期航路で結ばれる港湾施設である．日本各地の港湾施設間を往来する船舶は膨大な数に及ぶが，これら船舶が本種の国内移動に関与している可能性があると考え，当該船舶で実際に本種が"乗船"しているかどうかを調査した．

調査は，和歌山県南部町に所在する造船所の船舶修繕専用工場となっているドックで，工場の運営会社と調査対象となった2隻の大型フェリーを運航する船会社の許可を得て実施した．うち1隻は大阪-神戸-松山-別府間の瀬戸内海航路

に使用されているフェリーＡで，他方は大阪−宮崎間の太平洋航路に使用されているフェリーＢである．調査した日にちは，Ａが 2007 年 2 月 16〜17 日，Ｂが 2007 年 7 月 2〜3 日だった．調査の結果，Ａの船体から 48 個体のムラサキイガイの付着塊 1 塊を採取し，その中から本種 2 個体（殻長 5.8 mm，同 11.5 mm）が得られた．Ｂの船体からは付着生物の剥ぎ取り除去作業中に，シーチェスト，ロープガード（プロペラの軸受け部周辺），スタビライザー格納部の異なる部位から総数 99 個体（殻長 13.9〜54.4 mm）が得られた．2 回の調査で得られた本種の年齢を殻表面の成長阻害輪の形成状況から検討した結果，すべて着生後 1 年を経ない個体と推定された．また，過去の両フェリーの入渠記録を参照したところ，Ａは 2005 年，2006 年の 3 月に入渠しており，Ｂは 2006 年 2 月と 7 月に入渠していたが，その前年の 2005 年は入渠記録がなかった．入渠記録と照らして，この 2 回の調査時に見つかったのは調査前年の 2006 年の本種の繁殖期（日本沿岸では海水温が最高となる 8 月あたりと推定される）に船体に着生すなわち“乗船”した個体であろうと推察された．入渠検査時には船底の付着物除去作業を受け，そこでフェリーでの乗船は阻まれることになり，継続してフェリーに乗り続けた場合にやがて訪れるはずの繁殖期までこぎつけなくなる．しかし船によっては過去に入渠が行われなかった年があるようなので，その年に乗り合わせた本種個体は航海先の港で放卵・放精を行う機会を得る可能性があり，子供たちの“下船”に成功するチャンスもあったと予想される．筆者が内航船舶の調査の機会を得た対象は長距離フェリーだったが，国内のさまざまな航路に就航する船舶は膨大な数に及び，2005 年ごろは約 6000 隻，2023 年 3 月 31 日の実績では 5213 隻の記録がある（日本内航海運組合総連合会，2023）．これらの船舶に“乗船”と“下船”を行った本種個体もいるのではないかと思われた．これは国内での外来種の移動に内航船舶が関与している可能性を示している．

4.2.4 　地球規模で見たミドリイガイの最高緯度分布域の生息状況

　本種はこれまで原産地域のインド洋・西太平洋の熱帯海域沿岸から北アメリカ大陸やオセアニア大陸の地域へも移出し，北アメリカ大陸ではアメリカ合衆国のサウスカロライナ州チャールストン（北緯 32.8° 付近）やオーストラリアのパース近郊の港湾施設（南緯 31.95° 付近）で見つかった事例があるが，日本では 1985 年に東京都江東区辰巳（北緯 35.6°）と千葉県船橋市（北緯 35.7°）の東京湾岸で発見記録があり，東京湾を中心に生息の記録が得られるようになった（植田，2001）．

4.2 外来付着生物・ミドリイガイの国内分布特性

図 2.4 関東地方でミドリイガイの生息状況を調査した地点（○）と生貝発見地点（●）および死殻発見地点（◉）
左：外房・東京湾・相模灘・駿河湾岸の調査地点，右：相模湾岸の調査地点．

そこで日本の関東地方が最も高緯度の生息域と考え，この地域の本種の生息状況を追跡することが，今後本種の移出先での定着の可否を見ていく上で重要な参考情報となると考え，当該地域での本種の生息状況について年を重ねて調査した．一連の調査には相模湾岸を対象とした 1991～1996 年の 6 年間 6 回の調査（植田，2000），2001～2013 年の間に 8 回行われた東京湾・相模湾・相模灘・駿河湾の各湾岸を対象とした調査(植田，2014)，および 2019 年に実施した房総半島太平洋岸～駿河湾岸の調査例がある．ここでは 2019 年の調査結果について概述する．

調査は，2019 年 4 月 24 日から 7 月 3 日の間に調査地域の中では最東部の千葉県勝浦市から鴨川市までの外房太平洋岸を経て東京湾内の富津市から三浦市までの東京湾岸，三浦市から伊東市までの相模湾・相模灘岸，および沼津市から最西部にあたる静岡市清水区までの駿河湾岸の全 42 地点を対象に，現地踏査の方法で実施した（図 2.4）．その結果，東京湾内 2 地点，相模湾岸 10 地点，駿河

表 2.1 相模湾の分布調査でミドリイガイが見つかった調査年別地点数

調査年	調査地点数	発見地点数	発見地点率
1991	23	3	13%
1992	30	5	17%
1993	27	5	19%
1994	25	2	8%
1995	30	3	10%
1996	25	1	4%
2001	25	8	32%
2006	28	10	36%
2007	9	3	33%
2008	29	10	34%
2009	10	8	80%
2010	15	10	67%
2011	27	13	48%
2013	30	8	27%
2019	24	10	42%

湾岸 4 地点の合計 16 地点で本種の生息情報が得られた. このうち, 生貝が付着していた地点が 11 地点（T1, Ka1, Ka3, Ka5, Ka6, Ka7, Ka8, Ka11, S1, S3, S4）で, 死殻で見つかった地点が 5 地点（Ka2, Ka4, Ka9, Ka10, S2）だった. 先行研究で, 関東周辺での本種の繁殖期は海水温が高温のピークとなる 8 月を中心に夏季に見られ, 9 月ごろに当歳と見られる新規加入の幼貝の着生が観察されることから, 冬を越した 4 月から 7 月に見られる生貝は前年着生して越冬した個体と考えられる（植田ほか, 2011）. したがって本分布調査で生貝が見つかった地点では, 本種が越冬したと考えられる. 越冬地点は, 東京湾, 相模湾, 駿河湾の海岸に位置していたが, 東京湾内の地点は近隣に火力発電所が立地しており（T1）, 生活系や産業系の温排水が流出する運河内に位置する（Ka1）といった地域特性がみられ, 相模湾や駿河湾では黒潮に由来する温暖な海水の影響が考えられた.

　記録が長期にわたって得られた相模湾における本種の生息状況について過去の調査結果を経年で検討すると（表 2.1）, 調査を始めた 1990 年代は湾内 1〜5 地点から本種が見つかったが, 2000 年代に入ると 3〜10 地点に発見地点数が増え, 2010 年以降 2019 年までの間に 8〜13 地点とさらに発見地点数が増える傾向が見られた（植田, 2000, 2014, 未発表）.

4.2.5　地域スケールでの温暖化とミドリイガイの分布

　相模湾の生息地点で, 特筆すべき事象では, 湾奥部の江の島周辺の越冬事例が挙げられる. 越冬成績に差が見られた地点間で近隣に流出する河川の冬季水温の調査を行ったところ, 生残率が 80〜100％の実績のあった河川水の影響を受ける河口に近い地点は, 生残率が 25〜79％の河口から離れた海岸地点に比べて, 接岸水温が最低水温時期の 2 月中旬 10 日間平均で約 1.6℃高かった（植田, 2017）. 水温に関するデータは筆者自身が温度ロガーを現場に垂下して得たもので, 植田（2017）は, この温度差は約 7.5 km 上流で放出された 2 か所の水再生センターの高水温の処理水が河川水に混入する結果だろうとしている. この事例では, 各家庭の生活で生じた温排水が河川に流出し, さらにその河川水が海水と混在する地点では, 河川水由来の水温上昇が本種の越冬に有利に働くことを物語っている.

　本種の分布の北限にあたる関東地方の生息場所の特徴を検討すると, 内湾度が高く, 冬場には表層（本種は表層近くの基盤に付着する）の海水温が 10℃を切るような条件まで急激に低下する東京湾内では, 越冬個体の生息場所が主に火力発

電所を含む事業系や生活系に由来する温排水の影響を受ける場所に見られた．相模湾奥の江の島周辺では，地点ごとの越冬成績に差が生じる事例が見られ，生活系由来の温排水の関与が示唆された．これらのことから北限付近の越冬成績の良い生息場所は，温度が高められた人為由来の排水の影響の強い場所だったことから，地域での温暖化傾向となる水温上昇が熱帯由来の本種の越冬をより後押しする形で作用し，本種の定着に寄与していることが伺われた．

4.2.6 おわりに

ここまで，ミドリイガイの日本における分布の変遷とそれに関わる要因について概観してきたが，本種は 1960 年代に瀬戸内海の港湾施設付近で初めて見つかってから 1980 年代には三大都市圏の港湾とその周辺で生息確認されるようになり，その後西日本の太平洋岸や東シナ海岸の港湾施設で分布を拡大させていった．その要因としては内航船舶での移送が関与している可能性があった．熱帯性の本種が温帯の地域で生き残っていくためには，温排水や黒潮など暖流由来の温暖な海水が侵入した地点に流入していることが重要な働きをしていると考えられた．

〔植田育男〕

文　献

岩崎敬二・木村妙子・木下今日子・山口寿之・西川輝昭・西栄二郎・山西良平・林育夫・大越健嗣・小菅丈治・鈴木孝男・逸見泰久・風呂田利夫・向井宏 (2004)．日本における海産生物の人為的移入と分散：日本ベントス学会自然環境保全委員会によるアンケート調査の結果から．日本ベントス学会誌, 59, 22-44.

日本内航海運組合総連合会 (2023)．公式ホームページ. https://www.naiko-kaiun.or.jp/about/about_naikou/(2024 年 3 月 4 日アクセス)

日本生態学会編 (2002)．「外来種ハンドブック」, 地人書館, 東京, 390 pp.

植田育男 (2000)．相模湾におけるミドリイガイの分布. 動物園水族館雑誌, 41 (2), 54-60.

植田育男 (2001)　ミドリイガイの日本定着.「黒装束の侵入者」(日本付着生物学会編), 恒星社厚生閣, 東京, pp.27-45.

植田育男 (2014)．関東地方および周辺地域における外来種ミドリイガイの分布. 神奈川自然誌資料, (35), 9-16.

植田育男 (2017)．相模湾の江の島周辺におけるミドリイガイの冬季生存率に地点差をもたらす要因について. 神奈川自然誌資料, (38), 23-28.

植田育男・坂口勇・佐藤恵子・白井一洋 (2011)．横浜港内の人工干潟におけるミドリイガイの生息状況, 2008-2010 年. 神奈川自然誌資料, (32), 43-49.

4.3　環境変動と付着生物

　人が快適で便利な生活を追求してきた結果，地球上にはさまざまな環境問題が発生している．特に近年，地球規模で深刻な問題となっているのは二酸化炭素（CO_2）によって引き起こされる環境変動である．海洋は，地球温暖化・海洋酸性化・海洋貧酸素化といった人為起源 CO_2 に起因する問題に直面しており（Bijma et al., 2013），付着生物もその影響を受けている．本節では特に地球温暖化と海洋酸性化に着目し，付着生物を基盤種とする生態系の変化を紹介する．

4.3.1　地球温暖化の影響

　人間活動の活発化によって CO_2 を主体とする温室効果ガスが放出されており，地球表層の気温や海水温は上昇をし続けている．たとえば，日本近海では過去 100 年において，1℃以上の海水温上昇が報告されている．海洋生物はその生育に適した水温があり，地球上における分布パターンなどは水温に強く支配されることから，地球温暖化の影響を強く受けると考えられている．

　付着生物群集もその影響を強く受けることが知られており，たとえば暖かい海域を主な生息場とするサンゴは，熱帯や亜熱帯における浅海域の代表的な生態系基盤種であり，光合成生産者としての役割に加えてサンゴの体が他の生物の住処となるため，生物多様性の維持においても欠かすことはできない．海洋の魚種の約 1/4 は，その生活史の中でサンゴに依存した生活形態を取ることからも，重要性は明らかである．サンゴは暖かい海域を好むとはいえ，夏季に至適水温を超えるような高水温が長期化するとサンゴに共生する褐虫藻を失う．このことを白化と呼ぶ．さらに白化が長期にわたり継続すると，サンゴが急に死亡（へい死）することがある．高水温に伴うサンゴの壊滅的な被害は世界各地で報告されており（Mumby, 1999），地球温暖化の進行がサンゴの白化やへい死にさらに拍車をかけると懸念されている．

　地球温暖化は海洋の平均水温を上昇させるだけでなく，一時的な高水温現象（海洋熱波）の頻発化も引き起こす．海洋熱波はさまざまな定義がなされているが，その一例として Hobday et al. (2016) は，過去 30 年における水温の変動の 90 パーセンタイルを超える状況が 5 日以上継続した場合を海洋熱波と定義づけた．サンゴは海洋熱波に対して脆弱であり，白化やへい死のさらなる加速が懸念され

ている.

　一方で，温暖化の進行は水温の低い温帯域へのサンゴの侵入を可能にすると考えられている．温帯域の冬季に見られる低水温は，サンゴの生育にとって強い負の作用を有しており，白化やへい死を引き起こす．それゆえ，低水温への感受性はサンゴの高緯度側の分布の制限要因となり得る．しかし，地球温暖化に伴う海水温の上昇は低温ストレスを緩和し，温帯域を地球温暖化の進行下におけるサンゴの避難域へ変化させる可能性がある（Nakabayashi et al., 2019）．すでに北半球では日本周辺や地中海などでサンゴの顕著な北上が観察されており，南半球では東オーストラリアにおける南下が示されている.

　サンゴのほかに地球温暖化の影響が近年になって顕在化しつつある付着生物群集は，海藻の藻場であろう．海藻藻場の中でも特に，コンブ目の海中林は生産性が高く，漁業生産や栄養塩循環，CO_2隔離といった多様な生態系サービスを有する重要な生態系である．しかし，コンブ目の海藻は冷水域を好む性質を有しており，地球温暖化の進行とともに姿を消しつつある．特に，温帯域の中でも低緯度に位置する暖温帯域のコンブ目海中林の減退は著しい．国内での継続的なモニタリング結果だけでなく，世界規模の調査でもコンブ目の海藻藻場の衰退は明らかになっており，過去50年で世界のコンブ目の藻場は38%減少したと見積もられている（Krumhansl et al., 2016）．大規模な海藻藻場が消失する要因は多様であるものの，地球温暖化は一つの重要な因子であるとされている.

　海藻藻場が地球温暖化の進行とともに消失する要因は単一ではなく，さまざまな因子が複合的に作用した結果生じる．近年，日本沿岸で生じている海藻藻場の消失要因として注目されている要因の一つは，食植性魚類の影響である．特に日本の南岸で顕著であるとされており，アイゴ *Siganus fuscescens* やブダイ *Calotomus japonicus* などが冬季海水温の上昇で海藻に対する捕食圧を強めているとされている（Vergés et al., 2014）．この現象は，実験的にも確かめられており，コンブ目のカジメをケージに入れて海中に設置し魚類の捕食から回避させると，カジメは長期にわたり海中に生育し続けることが可能となる（増田ら，2007）．そのほか，ウニも海藻の捕食者として重要視されており，水温の上昇とともに着底率が増大するなどの知見からも（Hernández et al., 2010），地球温暖化に伴う捕食圧増大が懸念されている．ウニの捕食によって海藻が激減した状態は，ウニ焼け（Urchin barren）とも呼ばれている．ウニ焼けの状態とコンブ目海藻の海中林は，環境条件の変化に応じて相互に入れ替わることが知られている．しかし，水温の上

昇に伴いウニ焼けの状況が固定化される可能性が指摘されている.

大型の海藻と他の付着生物群との間の競争関係は地球温暖化の影響を受けるとされており，結果的に優占種の変化などを引き起こす可能性がある．先述したサンゴの北上は一例であり，暖流が近傍を通過する日本南岸では，減少した海藻からサンゴが優占する生態系に変化し始めている．このほか，ウニ焼けでは，石灰藻と呼ばれる炭酸カルシウムを藻体に沈着する藻類の優占が多くみられる．さらに別のパターンとしては，芝生状藻類（Turf algae）と呼ばれる背が低く海底を二次元的に広がる藻類群に置き換わる場合も知られている．

4.3.2 海洋酸性化の影響

人類が放出した CO_2 はすべてが大気に蓄積するわけではなく，一部は海洋が吸収する．このプロセスは地球温暖化に対しては抑制効果を有する一方で，以下のように表される海水の無機炭素の化学平衡に影響を及ぼす．

$$CO_2 + H_2O \rightleftarrows H_2CO_3 \rightleftarrows H^+ + HCO_3^- \rightleftarrows 2H^+ + CO_3^{2-}$$

CO_2 の海洋吸収は，上式において左の項から右の項への反応を進めるため，水素イオン濃度が上昇して pH が低下する．海洋の pH は連続的に低下し続けており，産業革命以前（pH=8.2）と比較してすでに 0.1〜0.2 低下している（現在：pH=8.0〜8.1）．今後，大幅な CO_2 削減を達成しなければ継続して海洋酸性化は進行し，最悪のシナリオでは今世紀末に 7.6〜7.7 付近まで低下すると予測されている（IPCC AR6, 2023）.

海洋酸性化の影響として最も懸念されているのは，海洋生物の石灰化の阻害である．石灰化は炭酸カルシウムの結晶を形成する反応であり，サンゴの骨格や貝の殻などをはじめ，さまざまな海洋生物の生存に欠かせない．しかし，海洋酸性化の進行に伴って海水中の炭酸カルシウムの飽和度が低下し，石灰化生物に負の影響が生じると考えられている．しかし，必ずしもすべての石灰化生物に負の影響が生じるわけではなく，炭酸カルシウムを合成する部位の pH を周囲の海水環境より高く維持するなどして，石灰化を維持する種も数多く存在する．

石灰化以外の代表的な影響としては，光合成生物への施肥効果も重要である．植物が光合成で CO_2 を取り込む際には，RubisCO（リブロース 1,5-ビスリン酸カルボキシラーゼ/オキシゲナーゼ）と呼ばれる酵素を利用する．RubisCO の活性は CO_2 濃度に敏感であり，海洋酸性化に伴う CO_2 濃度の上昇は光合成活性を増大させる可能性がある．しかし植物体内の CO_2 濃度は，必ずしも周囲の海水と同

一ではない．特に藻類の多くは RubisCO へ能動的に CO_2 を供給する CO_2 濃縮機構（CO_2 Concentrating Mechanisms：CCM）を有しており，必ずしも CO_2 施肥効果が大きいとは限らない．

　このほかにも，生物の遺伝子発現や神経系なども pH や CO_2 濃度に大きく影響を受けるとされており，海洋酸性化に対する生物の応答予測は，多様な生物種間の遺伝的，生理学的多様性を考慮して実施しなければならない．このような生物の応答を試験するうえで最も一般的に行われている評価手法は，水槽内に生き物を入れて海水の CO_2 濃度を調整する影響試験である．しかし，自然の生態系には多様な生物種が生息しており，それらを網羅的に試験することは事実上不可能である．さらに，生物は単独で生活するわけではなく，他の生物との間に資源をめぐる競争や捕食-被食関係など複雑な生物間相互作用を有する．加えて，実験室下の影響試験では，多くが数日程度のタイムスケールで CO_2 濃度を操作するが，数十年以上の時間をかけて進行する海洋酸性化に対する生物の適応や馴化を考慮することが難しい．

　これらの問題に対応するための強力な解析手段として，自然の高 CO_2 生態系の利用が注目されている．火山活動が活発な海域では，しばしば CO_2 を高濃度に含むガスが海底から噴出することがある．噴出域の周辺では海水に高濃度の CO_2 が溶け込み，自然の生態系が丸ごと疑似的な海洋酸性化環境に曝されている．このような生態系の中では，多様な生物間の相互作用を知ることが可能であることに加え，生息する生物は長期にわたり高 CO_2 に曝露されていることから，適応や馴化という観点でもより現実に近い将来予測が可能になる．このような海域は，海底から CO_2 が染み出す（seep）ことから，CO_2 シープと呼ばれている．海水とともに移動するプランクトン群集に対しては，CO_2 シープを利用した将来予測は難しいが，付着生物群集を主体とする生態系に対する海洋酸性化の影響評価を実現するうえで極めて有効な研究サイトである．

　2008 年に，イタリアのイスキア島の CO_2 シープを利用して，Hall-Spencer et al. (2008) が海洋酸性化に伴う生態系の変化を報告した．イスキア島では，石灰藻が噴出域周辺で明確に減少し，海草 *Posidonia* sp.のバイオマスは増大した．その後，イタリアのブルカーノ島やパナレア諸島においても CO_2 シープの発見が相次いでおり，地中海の温帯域生態系の将来予測に用いられている．サンゴ礁に対する海洋酸性化の影響評価の例としては，熱帯海域に位置するパプアニューギニアのミルン湾で生態系の包括的な解析が行われており，サンゴの優占種の変化（枝

図 3.1 CO_2 濃度の変化に伴う生態系の変容 (Hall-Spencer and Harvey, 2019 を改変)

状サンゴから塊状サンゴへ変化) や底生の付着生物群集の生物多様性の低下などが認められている (Sunday et al., 2017).

日本は火山の影響の強い地理的性質を有しており,複数の沿岸浅海域において海底からのガス噴出が知られている.特に伊豆諸島の式根島においては,CO_2 シープ周囲の生態系に関して多くの研究が行われてきた.暖温帯域に位置する式根島の周囲には,大型の海藻とサンゴが混在する.しかし,噴出域の近くの高 CO_2 海域ではサンゴはまばらに見られるのみとなり,海藻は芝生状藻類など小型の藻類が優占する (Agostini et al., 2018).サンゴや大型の海藻など,体サイズの大きな付着生物の体は,それ自身が三次元的な構造物となることから,他の生物の住処としても機能する (⇒1.3 節).しかし,小型の藻類が優占することで三次元的構造の単純化が生じ,結果的に底生生物や魚などの種多様性の低下が生じる (Hall-Spencer and Harvey, 2019) (図 3.1).このような生態系の変化は,人間生活においても甚大な影響を及ぼすことが懸念される.式根島では地域住民を対象とした社会科学的調査も行われており,CO_2 シープの近傍において観光資源としての水中景観要素が変化し水産資源量が低下することが,観光業および漁業従事者に対するヒアリングで明らかになっている (氏家ら,2018).

4.3.3 気候変動に伴う付着生物群集の変化への対応

地球温暖化や海洋酸性化の進行を食い止めるために,CO_2 排出量の削減目標を掲げるなどの取り組みは進んでいるものの,その効果は十分ではない.パリ協定で掲げられた目標や 2050 年までの達成を目指しているカーボンニュートラルも,未だ多くの課題を抱えている.また,パリ協定を計画通り履行したとしても,気温の上昇は 2°C 以内に抑えることができないとされており,CO_2 排出を抑制するための気候変動の緩和策を継続的に増強しつつ,変化する環境や生態系に我々の

4.3 環境変動と付着生物   117

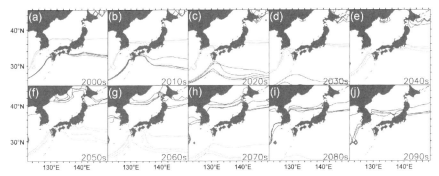

図3.2 温暖化に伴うサンゴの北上と海洋酸性化に起因する北上の限定化（Yara et al., 2012を改変）

生活を合わせていく適応策も並行して進めることが必要である．たとえば，地球温暖化に伴い海藻藻場からサンゴを主体とする生態系への交代が生じた場合，藻場に立脚した漁業などを従来のやり方で続けていくことは困難となる．その際，新たに確立される生態系と共存し，持続的な海洋利用を続ける方策を早い段階で提示することが課題となる．

海洋酸性化に関しては，明確に顕在化した例は少ないものの，今世紀の後半にはサンゴの北上の制限（Yara et al., 2012；図3.2）や生物相の単純化（Agostini et al., 2021）が生じる可能性が指摘されている．近い将来起こり得るこれらの問題にすみやかに対応するためには，疑似生態系であるCO_2シープを利用した適応手段の模索などが有効と考えられる．最終的に，CO_2削減と人間生活の変革を同時並行的に進めていき，気候変動の影響を最小化していくことがこれから求められる課題になるだろう． 〔和田茂樹〕

文　献

Agostini, S., B. P. Harvey, M. Milazzo, S. Wada, K. Kon, N. Floc'h, K. Komatsu, M. Kuroyama and J. M. Hall-Spencer (2021). Simplification, not "tropicalization", of temperate marine ecosystems under ocean warming and acidification. Glob. Change Biol., 27, 4771-4784.

Agostini, S., B. P. Harvey, S. Wada, K. Kon, M. Milazzo, K. Inaba and J. M. Hall-Spencer (2018). Ocean acidification drives community shifts towards simplified non-calcified habitats in a subtropical-temperate transition zone. Sci. Rep., 8, 11354.

Bijma, J., H.-O. Pörtner, C. Yesson and A. D. Rogers (2013). Climate change and the oceans - What does the future hold?. Mar. Pollut. Bull., 74, 495-505.

Hall-Spencer, J. M. and B. P. Harvey (2019). Ocean acidification impacts on coastal ecosystem services due to habitat degradation. Emerg. Top. Life Sci., 3, 197–206.

Hall-Spencer, J. M. R. Rodolfo-Metalpa, S. Martin, E. Ransome, M. Fine, S. M. Turner, S. J. Rowley, D. Tedesco and M.-C. Buia (2008). Volcanic carbon dioxide vents show ecosystem effects of ocean acidification. Nature, 454, 96–99.

Hernández, J., S. Clemente, D. Girard, A. Pérez-Ruzafa and A. Brito (2010). Effect of temperature on settlement and postsettlement survival in a barrens-forming sea urchin. Mar. Ecol. Prog. Ser., 413, 69–80.

Hobday, A. J., L. V. Alexander, S. E. Perkins, D. A. Smale, S. C. Straub, E. C. J. Oliver, J. A. Benthuysen, M. T. Burrows, M. G. Donat, M. Feng, N. J. Holbrook, P. J. Moore, H. A. Scannell, A. Sen Gupta and T. Wernberg (2016). A hierarchical approach to defining marine heatwaves. Prog. Oceanogr., 141, 227–238.

IPCC AR6 (2023). Climate Change 2021 – The Physical Science Basis: Working Group I Contribution to the Sixth Assessment Report of the Intergovernmental Panel on Climate Change, 1st ed. Cambridge University Press.

Krumhansl, K. A., D. K. Okamoto, A. Rassweiler, M. Novak, J. J. Bolton, K. C. Cavanaugh, S. D. Connell, C. R. Johnson, B. Konar, S. D. Ling, F. Micheli, K. M. Norderhaug, A. Pérez-Matus, I. Sousa-Pinto, D. C. Reed, A. K. Salomon, N. T. Shears, T. Wernberg, R. J. Anderson, N. S. Barrett, A. H. Buschmann, M. H. Carr, J. E. Caselle, S. Derrien-Courtel, G. J. Edgar, M. Edwards, J. A. Estes, C. Goodwin, M. C. Kenner, D. J. Kushner, F. E. Moy, J. Nunn, R. S. Steneck, J. Vásquez, J. Watson, J. D. Witman and J. E. K. Byrnes (2016). Global patterns of kelp forest change over the past half-century. Proc. Natl. Acad. Sci. USA., 113, 13785–13790.

Mumby, P. (1999). Bleaching and hurricane disturbances to populations of coral recruits in Belize. Mar. Ecol. Prog. Ser., 190, 27–35.

Nakabayashi, A., T. Yamakita, T. Nakamura, H. Aizawa, Y. F. Kitano, A. Iguchi, H. Yamano, S. Nagai, S. Agostini, K. M. Teshima and N. Yasuda (2019). The potential role of temperate Japanese regions as refugia for the coral Acropora hyacinthus in the face of climate change. Sci. Rep., 9, 1892.

Sunday, J. M., K. E. Fabricius, K. J. Kroeker, K. M. Anderson, N. E. Brown, J. P. Barry, S. D. Connell, S. Dupont, B. Gaylord, J. M. Hall-Spencer, T. Klinger, M. Milazzo, P. L. Munday, B. D. Russell, E. Sanford, V. Thiyagarajan, M. L. H. Vaughan, S. Widdicombe and C. D. G. Harley (2017). Ocean acidification can mediate biodiversity shifts by changing biogenic habitat. Nat. Clim. Change, 7, 81–85.

Vergés, A., P. D. Steinberg, M. E. Hay, A. G. B. Poore, A. H. Campbell, E. Ballesteros, K. L. Heck, D. J. Booth, M. A. Coleman, D. A. Feary, W. Figueira, T. Langlois, E. M. Marzinelli, T. Mizerek, P. J. Mumby, Y. Nakamura, M. Roughan, E. Van Sebille, A. S. Gupta, D. A. Smale, F. Tomas, T. Wernberg and S. K. Wilson (2014). The tropicalization of temperate marine ecosystems: climate-mediated changes in herbivory and community phase shifts. Proc. R. Soc. B Biol. Sci., 281, 20140846.

Yara, Y., M. Vog, M. Fujii, H. Yamano, C. Hauri, M. Steinacher, N. Gruber and Y. Yamanaka (2012). Ocean acidification limits temperature-induced poleward expansion of coral habitats around Japan. Biogeosciences, 9, 4955–4968.

増田博幸・鈴木敬道・水井悠・西尾四良・堀内俊助・中山恭彦 (2007). 静岡県榛南磯焼け海域におけるカジメ生育への食害防除網の効果. 水産工学, 44, 119-125.

氏家萌美・武正憲・原光宏・和田茂樹 (2018). 式根島浅海域 CO_2 シープに対するダイビング事業者と漁業従事者の認識. 環境情報科学 学術研究論文集, 32, 227-232.

4.4　東日本大震災と付着生物

　東北地方の太平洋に面する三陸海岸沿いの町の多くは，リアス海岸という天然の良港と，三陸沖という親潮（寒流）と黒潮（暖流）の入り混じる世界有数の好漁場に恵まれ，古くから沿岸漁業や養殖漁業の拠点として発展してきた．しかし2011年3月11日に発生した東北地方太平洋沖地震と津波により，この自然の恵み豊かな三陸沿岸の生態系は非常に大きな被害を受けた．東北沿岸の復興には，主要産業である漁業や養殖業の再生が不可欠であることから，「東北マリンサイエンス拠点形成事業」(Tohoku Ecosystem-Associated Marine Sciences：TEAMS) というプロジェクトが立ち上がり，震災後の三陸沿岸生態系の継続的な環境モニタリングを実施し，津波の影響や海洋環境の変動メカニズムの解明を試みながら，科学の力で漁業や養殖業の復興に貢献できるよう尽力してきた (Editorial Board of TEAMS Report, 2020).

4.4.1　三陸沿岸における養殖漁業と付着生物の関係性

　三陸地方のほぼ最南端に位置する女川湾では，ホタテガイ・マガキなどの二枚貝やマボヤといった生物種を，海面からロープを使ってすだれ状に吊るして育てる垂下式養殖がとても盛んである（図4.1）．この海域は，餌となる植物プランクトンが豊富に育つことから，水中のプランクトン（懸濁物）などをろ過摂食して成長する二枚貝やマボヤの養殖に非常に適した環境であるといえる．しかしこれらの養殖種や養殖棚の表面には，ムラサキイガイやフジツボ，コケムシ，（マボヤ以外の）ホヤ類といった養殖対象ではない懸濁物食性の付着生物も大量に付着する（図4.1）．このことは，付着生物が一方では養殖種との餌の競合や，物理的な成長の阻害などの問題を引き起こす可能性があることを示しており，もう一方では人工構造物である養殖棚を，多様な生物が共存する魚礁のようなハビタットにつくり変えている可能性も示している．この節では，まず震災後の女川湾において行った垂下式養殖と付着生物の関係性を調べる調査の結果を紹介する．そして，

関連する文献や TEAMS などで得られたデータを参考に，そもそもの付着生物の供給元となっている動物プランクトンという生物グループの動向と，震災前後の海洋環境の変動パターンとの関連性を眺め，自然災害や環境の変化が，どのように三陸沿岸の生態系や付着生物の出現パターンに影響を与えているのかについて考察する．

4.4.2 女川湾における調査の概要

TEAMS プロジェクトでは，震災直後の 2012 年より調査船による女川湾全域の体系的な環境モニタリングを開始し，水質，底質，栄養塩，植物プランクトン，動物プランクトン，ベントス（底生生物；区分については⇒1.1 節）などの観測に加え，養殖種の成長や付着生物の出現状況など，多岐にわたる物理・生物データ項目を調査してきた（Editorial Board of TEAMS Report, 2020）．この項では，これらのデータの中より，女川湾の垂下式養殖場 3 地点［St.1（養殖種：ホタテガイ，マボヤ），St.11（養殖種：ホタテガイ，マガキ），St.17（養殖種：ホタテガイ，マガキ，マボヤ）］において，2017 年 1 月から 2018 年 3 月までの一定期間に行った調査の結果を紹介する（図 4.1）．

調査した水深は上層（2 m），中層（8 m），下層（14 m）の 3 層となり，各水深

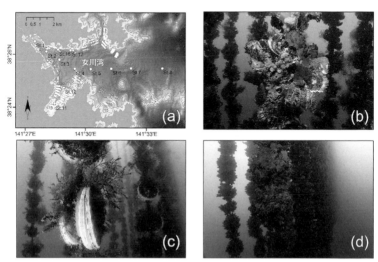

図 4.1 (a) 女川湾の調査点（白丸）と垂下式養殖棚の分布（細かい実線），(b) マガキと付着生物，(c) ホタテガイと付着生物，(c) マボヤと付着生物

層に垂下された養殖種に付着する生物を採集し，種の同定と湿重量の測定を行った．これらの調査データに加え，宮城県・東北電力が震災前から実施している女川原発温排水調査データ（Miyagi Prefecture, and Tohoku Electric Power Company, 2009-2022）なども利用し，震災前から後にかけての女川湾における動物プランクトン群集の変動パターンと，環境や人間活動との関連性を考察した．

4.4.3 垂下式養殖棚に付着する生物の出現パターン

女川湾の養殖種に付着する生物の出現量は，養殖種（基質），観測地点，時期，水深によって大きく異なった．たとえばフジツボ類は，全地点でホタテガイに大量に付着したが，その他の養殖種にはあまり付着しなかった（図 4.2）．またマボヤ以外の付着性ホヤ類の出現量は，湾の南側最奥部に位置する St.11 では多かったが，潮通しの良い湾北部の St.17 や，人間活動の影響が大きい港湾内の St.1 では少なかった．さらに，水深層別にホヤ類の付着量を比較すると，上層よりは中層，下層で増大していることがわかった（図 4.2）．他方，ムラサキイガイの付着量は，養殖種にかかわらず上層で多く，中層から下層へ行くほど少なくなり，こ

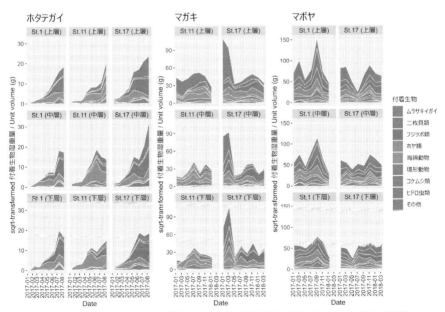

図 4.2 女川湾において異なる養殖種に着生する付着生物の出現パターン（口絵 10 参照）
図中グラフの積層は凡例と同順である．

の傾向は St.11 のマガキで特に顕著だった．しかし，他の 2 地点と比べると，ムラサキイガイの付着量は St.17 で最も多い傾向にあった（図 4.2）．同地点，同時期に垂下したものを比較すると，養殖種間ではマガキへの付着量が最も多い傾向が見られた．このような付着生物の出現パターンの違いは，海流などその海域の環境条件の違いや，付着生物の幼生の発生状況，養殖生物の垂下時期などの違いによっても左右される可能性があると考えられた（片山ら，2020）．

　付着生物が養殖生物とどの程度餌の競合をしているのかについて，炭素・窒素安定同位体比を用いた食性解析という手法によって分析を行った結果，餌料を反映する炭素安定同位体比（δ^{13}C）の値は，上層，中層においてフジツボ類がホタテガイの値より約 2‰低かったことから，両者は異なるタイプの植物プランクトンを摂食していることが示唆された（片山ら，2020）．他方，上層で大量に発生するムラサキイガイの炭素安定同位体比については，特に付着量が多かったマガキの δ^{13}C の値と非常に近かったことから，両者の餌は競合していると考えられた．したがって，より効率的なマガキの養殖には，ムラサキイガイの付着を避けることができるような垂下時期，場所または水深を選定するか，あるいは定期的なムラサキイガイの除去作業などが必要となることが示唆された（片山ら，2020）．

4.4.4　震災前後の動物・植物プランクトンとベントスの変化

　女川湾における震災前から後にかけての主要生物相の経年変化を見ると，植物プランクトン群集と動物プランクトン群集の出現個体数は，ともに震災前から直後は低く，その後急激に上昇してからゆるやかに下降し，2018 年頃を境に前者は再び急上昇，そして後者は急下降に転じていることがわかった（図 4.3）．また，動物プランクトンの出現種数は震災前から後にかけて急激にピークの値に達するものの，2018 年以降一気に減少した．これに対してベントス群集の個体数は震災直後に大打撃を被り，その後急速な V 字回復を遂げたものの，2018 年頃から再び下降に転じ，出現種数についても同様の傾向を示した（図 4.3）．

　この期間に女川湾で観測された動物プランクトンの構成種は，カイアシ類が 70%近くで優先し，次いで繊毛虫（13%），オタマボヤ（5.5%）と続いたが，本稿で登場する付着生物（フジツボ類，二枚貝類，ホヤ類など）の幼生も多く観測された．この動物プランクトン群集の種組成は，季節や年とともに徐々に変化していることがわかっており，分析の結果，震災直後から 2015 年頃までは季節ごとに特定の群集グループがくり返し出現していたが，2017 年前後を境に，それまで

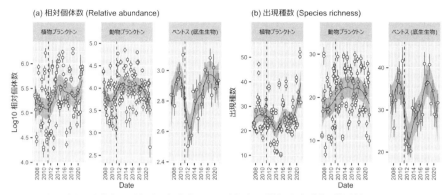

図 4.3 女川湾主要生物相の（a）出現個体数および（b）出現種数の経年変化（縦破線：2011.3.11；Data: Miyagi Prefecture, and Tohoku Electric Power Company, 2009-2022）

とは大きく異なる種組成の群集グループが出現し始め，近年になるにつれてより多様性の低い貧相な群集に変わってきていることが示された（図 4.3）．

　動物プランクトンは，幼生から成長した後もそのまま水中の環境に漂って生活する「終生プランクトン」（オタマボヤ類，カイアシ類，ミジンコ類，繊毛虫類など）と，成長後は海底や岩・壁などの硬い基質に着底して生活を始める「一時プランクトン」（ゴカイ類，ホヤ類，ヒドロ虫類，フジツボ類，貝類などの幼生）に大別することができる（⇨1.1 節）．このようなくくりでそれぞれの分類群の個体数経年変化を調べてみると，終生プランクトンと一時プランクトンでは，震災後の挙動や環境変動への応答の仕方に大きな違いがあることがわかった（図 4.4）．たとえば終生プランクトンの個体数は，主要なカイアシ類やオタマボヤ類について観測地点間の違いはほとんど見受けられなかったが（図 4.1a，4.4a），時系列変化は，水温・気象条件などの季節性に関連する環境条件と強く関わっていることが確認された．他方，一時プランクトンの出現パターンは，養殖棚や港湾からの距離によって大きく異なっており（図 4.1a，4.4b），時系列変化も底質・栄養塩・クロロフィル a などの人間活動の変化に影響を受ける環境条件と強く相関していることが示された．

　近年，動物プランクトンの多様性や個体数は，温暖化や餌料環境の変化とともに貧相化しており，窒素やリンなどの栄養塩の供給量もまた 2011 年の震災以降，温暖化や人間活動の変化とともに段階的に減少傾向にある．動物プランクトンは震災直後には増加基調にあったが，2018 年頃からはベントスとともに急速な「痩

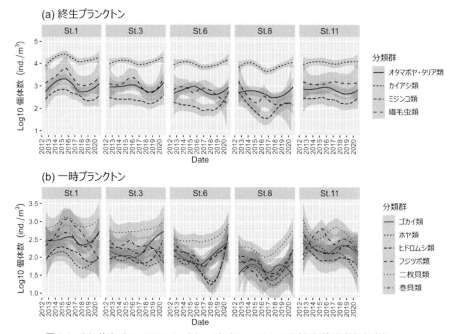

図 4.4 (a) 終生プランクトンと (b) 一時プランクトンの分類群別個体数経年変化

せ細り」傾向に転じてしまった．このような文脈において，震災などの自然災害や地球温暖化がどのように女川湾の生態系に影響を与え，かつその中で付着生物がどのような役割を果たしているのか，あらためて考える必要があるだろう．

4.4.5 おわりに

女川湾では，震災による人間活動の変化に伴い，海底の底質環境やそこに生息する底生生物相［ベントス，付着生物（一時プランクトン，海藻類を含む），底魚など］の群集構造も，今なお変化の途上にある（Fujii et al., 2019）．その一方，水柱環境に漂う浮遊性生物相［植物プランクトン，動物（終生）プランクトン，魚類の仔稚魚など］の変化については，自然界の季節性を司る物理要因（水温，塩分，気象条件など）との間に強い相関関係が認められたものの，震災のインパクトやそれに伴う人間活動の変化による影響はほとんど見られなかった（Fujii et al., 2021）．このことは，「浮遊（水柱）環境」と「海底環境」に分かれて生息する別々の生物相の間では，震災による攪乱やそれに伴う人間活動の変化から受ける影響

の度合いが大きく異なることを示唆しており，今後の研究でより詳細に検証していくことが求められる．

　しかし，水柱環境と海底環境はさまざまなプロセスを通してお互いに影響を及ぼし合っていることも忘れてはならない（Griffiths et al., 2017）．たとえば水柱環境において，海洋生態系の食物網の基盤をなしている植物プランクトンの生産量が変化すれば，それを摂食する動物プランクトンや，ろ過摂食性の養殖種（二枚貝類，マボヤなど）およびそれらに着生する付着生物の活動に影響を与え，さらにそれらの生物相から生み出される排泄物や有機物は，直下の底質環境やベントス，魚類などの行動にも連鎖的に影響を与える（Borja et al., 2016; Fujii et al., 2021）．つまり養殖棚やそこに集まる付着生物群を基軸とする水柱環境・海底環境を跨いだ相互作用の連なりは，好条件下においては，「魚礁」として多様な生物が共存できる固有なハビタットを形成する可能性を示している（Fujii et al., 2021）．

　他方，海水中の酸素の量もまた水柱環境と海底環境の相互作用に大きく影響を受けている．海水中の溶存酸素は，多くの場合，光合成を行う植物プランクトンから供給されることから，鉛直方向に水や栄養塩が循環しやすい冬から春のブルームの時期に高い数値を示す傾向がある（藤井ら，2018）．しかし，夏場や温暖化の影響下の海面付近では，暖められた表層水による水温の躍層が形成され，水の鉛直循環が妨げられることから，植物プランクトンの生産性が高い海域であっても，海底付近においては貧酸素が発生することがあり，結果として底生生物や養殖生物に悪影響を及ぼすケースがある（藤井ら，2020）．

　このように，沿岸生態系における水柱環境と海底環境とそこに生息する付着生物を含めた多様な生物相は，物質循環や人間活動の介在，地球温暖化の影響などさまざまなプロセスを通して連動し相互に影響を及ぼしあっている．このような情報・知見などを体系的に整理し，データベース化し，そして可視化することができれば，沿岸域における人間社会と生態系の相互関連性をより明瞭に理解することができるだろう．そのような視点から，今後も自然災害や環境の変化が三陸沿岸の生態系や水産資源の動態にどのような影響を与えているのか，そのメカニズムの理解につながるような情報発信を展開し，東北の漁業・養殖業の発展に寄与してゆきたい．
〔藤井豊展〕

文　献

Borja, A., M. Elliott, J. H. Andersen, T. Berg, J. Carstensen, B. S. Halpern, A.-A. Heiskanen, S. Korpinen, J. S. S. Lowndes, G. Martin and N. Rodriguez-Ezpeleta (2016). Overview of integrative assessment of marine systems: the Ecosystem Approach in practice. Front. Mar. Sci., 3, 20.

Editorial Board of TEAMS Report (2020). 東北マリンサイエンス拠点形成事業（海洋生態系の調査研究）成果報告書 2020 年, Report of Tohoku Ecosystem-Associated Marine Sciences FY2011-2020. https://www.jamstec.go.jp/i-teams/j/teams-pub/teams-report2020.html（last accessed on 14 November 2023）

Fujii, T., K. Kaneko, H. Murata, C. Yonezawa, A. Katayama, M. Kuraishi, Y. Nakamura, D. Takahashi, Y. Gomi, H. Abe and A. Kijima (2019). Spatio-Temporal Dynamics of Benthic Macrofaunal Communities in Relation to the Recovery of Coastal Aquaculture Operations Following the 2011 Great East Japan Earthquake and Tsunami. Front. Mar. Sci., 5, 535.

Fujii, T., K. Kaneko, Y. Nakamura, H. Murata, M. Kuraishi, and A. Kijima (2021). Assessment of coastal anthropo-ecological system dynamics in response to a tsunami catastrophe of an unprecedented magnitude encountered in Japan. Sci. Total Environ., 783, 146998.

Griffiths, J. R., M. Kadin, F. J. A. Nascimento, T. Tamelander, A. Törnroos, S. Bonaglia, E. Bonsdorff, V. Brüchert, A. Gårdmark, M. Järnström, J. Kotta, M. Lindegren, M. C. Nordström, A. Norkko, J. Olsson, B. Weigel, R. Žydelis, T. Blenckner, S. Niiranen and M. Winder (2017). The importance of benthic-pelagic coupling for marine ecosystem functioning in a changing world. Glob. Change Biol., 23, 2179-2196.

Miyagi Prefecture, and Tohoku Electric Power Company (2009-2022) Measurements of Warm Drainage Water of the Onagawa Nuclear Power Plant for Fiscal 2007-2020. Miyagi Prefecture, Sendai.

片山亜優・金子健司・藤井豊展・倉石恵・中村友香・阿部博哉・西川正純・木島明博（2020）. 宮城県女川湾における海洋環境と養殖生物. In：東北マリンサイエンス拠点形成事業（海洋生態系の調査研究）成果報告書 2020 年, eds. Editorial Board of TEAMS Report. https://www.jamstec.go.jp/i-teams/j/teams-pub/2020report/TEAMS_report_part2-1.pdf（last accessed on 14 November 2023）

藤井豊展・金子健司・倉石恵・中村友香・木島明博（2018）. 女川湾ハビタットマップの構築〜時間的・空間的に変わる沿岸海洋生態系を俯瞰する〜. 日本水産学会誌, 84（6）, 1066-1069.

藤井豊展・金子健司・倉石恵・中村友香・片山亜優・村田裕樹・米澤千夏・髙橋大介・五味泰史・阿部博哉・木島明博（2020）. 女川湾におけるハビタットマップの構築. In: 東北マリンサイエンス拠点形成事業（海洋生態系の調査研究）成果報告書 2020 年, eds. Editorial Board of TEAMS Report. https://www.jamstec.go.jp/i-teams/j/teams-pub/2020report/TEAMS_report_part2-1.pdf（last accessed on 14 November 2023）

第5章
付着生物の利用

5.1 カキ養殖の歴史と近年の取組み

　食材として馴染み深い付着生物としてカキ類が挙げられる．カキ類は120種ほどに分類され，南極と北極を除く世界各地の潮間帯から水深30 mまでの沿岸域に広く分布する．過酷な生息環境を生き抜くために軟体部に蓄えられた栄養源は「海のミルク」と言われるほど栄養価が高く，先史時代から人類の食を支えてきた．本節では，カキ類の中でも世界的な養殖対象種であるマガキに着目し，生活史や養殖の工程，近年の養殖過程で発生している問題と対策について紹介する．

5.1.1 食材としてのカキ

　カキ類の食用種は20種程度と言われており，主な種として，マガキ *Magallana gigas*，シカメガキ *Magallana sikamea*，ヴァージニアカキ *Crassostrea virginica*，オリンピアカキ *Ostrea lurida*，ヨーロッパヒラガキ *Ostrea edulis* などが挙げられる（図1.1）．中でもマガキは，南極を除くすべての大陸で養殖されており，世界的なカキ需要を支える代表的な種類である．

　世界的なカキ養殖の生産量は年々増大（成長率1.4〜6.7%，2015〜2021年）しており，2021年には，中国（582万t），韓国（33万t），アメリカ（19万t），日本（16万t），フランス（9万t）の順で合計681万tのカキが生産されている（FAO, 2022）．海面養殖種の中では藻類に次ぐ生産量であり，世界的な食糧需給の増大を支える重要な養殖対象種となっている．日本は世界の生産量の約2.5%を占めており，そのうち瀬戸内海と東北地域で国内生産量の約9割を占めている（農林水産省，2023）．近年では，北海道から沖縄までさまざまな沿岸域でカキ養

	マガキの仲間	イタボガキの仲間
特徴	発生：雌雄異体，卵生型 卵径：40〜60µm 殻の形状：左殻深い 生息域：内湾・潮間帯に多い	発生：雌雄同体，幼生型 卵径：80〜170µm 殻の形状：左殻浅い 生息域：大潮時干出以深
種類例	マガキ，イワガキ バージニアカキ，シカメガキ	イタボガキ， ヨーロッパヒラガキ
	マガキ　　バージニアカキ	イタボガキ　　ヨーロッパヒラガキ

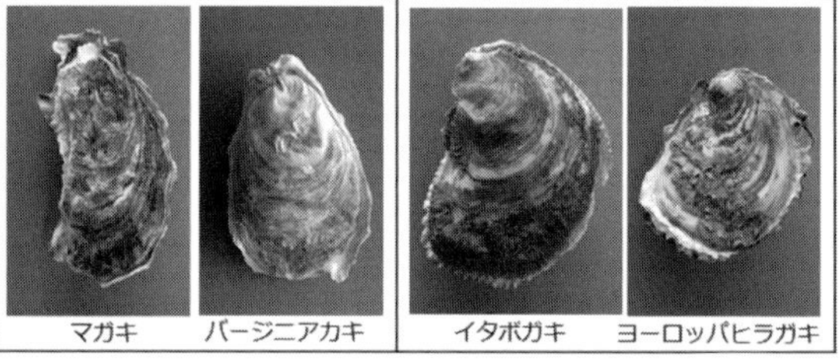

図 1.1　カキ類の分類と特徴（食用種）

殖が行われており，地域の特色を活かしたブランドカキとして地域活性の一助を担っている．以下では，食糧生産に資する付着生物の利用として，国内生産量の約 6 割を占める広島県を中心に，マガキの生態，養殖のしくみや歴史，近年の取り組み状況について紹介する．

5.1.2　マ ガ キ の 生 態

マガキは，潮間帯の岩礁などに固着し，内湾などの塩分濃度が低い環境を好む種類である．エラの繊毛運動によって海水を取り込み，呼吸と同時に海水中に含まれるプランクトンなどを摂餌している．発生については，夏場の産卵期に親貝から放卵・放精された配偶子が受精後，概ね 2 週間程度の浮遊期間を経て成長し，固着生活へと移行する（図 1.2）．放卵・放精は群としての同調性が強く，産卵期にはマガキが付着した護岸や養殖筏の周りの海水が白濁する現象が散見される．

産卵期は水温の年変動に依存するとされており（大泉ら，1971），南方の地域では 5 月ごろから，北日本では 7〜8 月が最盛期と言われている．この期間，放卵・放精と配偶子形成をくり返し行うことで，産卵期の終盤には蓄えた栄養源を使い身が痩せる．痩せた身は「水カキ（軟体部が透明で栄養がほとんどない状態）」と称されるほど食材としての価値は低い．

季節変動による水温低下に伴い，マガキは次の産卵期に向けてグリコーゲンを中心とした栄養を体に蓄え，軟体部は白く豊満する（図 1.3）．この時期がマガキ

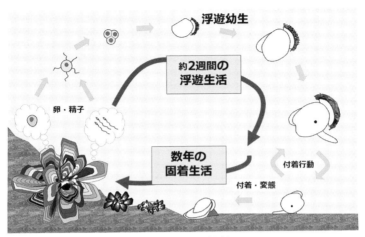

図1.2 マガキの生活史

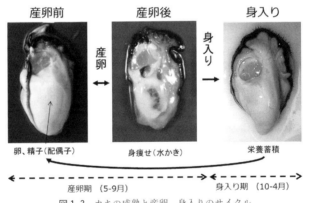

図1.3 カキの成熟と産卵,身入りのサイクル

の旬にあたり,カキ鍋やカキフライ,カキ飯など,冬の食材として私たちの食卓を豊かにしている.

5.1.3 日本のカキ養殖の歴史

わが国におけるカキ養殖の始まりは,約450年前の室町時代の終わり頃といわれている.当初は干潟に石を置いてカキを付着させ成育する「石撒式」や,干潟の上にカキを直接置いて成育する「地撒式」などの簡易的な養殖方法であった.その後,江戸時代中期頃には,干潟にひび竹を立てカキの種を付着させて成育す

る「ひび建て養殖法」が行われていた（広島かき出荷振興協議会，1977）．この当時からカキ養殖が盛んであった広島湾では，天下の台所である大阪にカキを船で搬入し，「カキ船」の形で消費者へ振る舞われており（片上，1996），このことが「カキ＝広島」のイメージを今日までの私たちに根づかせた礎となっている．その後，1950年代（昭和30年代）に竹を組んだ筏による「筏垂下式」や波浪に強い「延縄垂下式」の養殖方法が開発され，養殖海域は沖合へと拡大した．従来の潮間帯の限られた面積での養殖方法から，沖合での立体的な漁場利用へと拡大し，生産量は飛躍的に向上した．

5.1.4 カキ養殖の工程

広島県におけるカキ養殖の工程は，養殖に用いる稚貝を確保する「採苗」，潮汐による干出により稚貝を鍛える「抑制」，筏を用いた垂下により成長や身入りを促進させる「本垂下」の工程で成り立っている（図1.4）．

採苗工程では，産卵期に天然海域で十分量の付着期幼生が出現したタイミングで付着基質（ホタテ貝を束ねた採苗器）を海中に投入し，マガキの付着期幼生を付着させることで，養殖に用いる稚貝（種苗）を確保する．採苗は，産卵期にあたる7～8月を中心に行われ，広島湾内だけで約2億枚/年を確保する．稚貝が十分量確保できないと，養殖に必要な種苗が不足するため，採苗ができれば養殖の

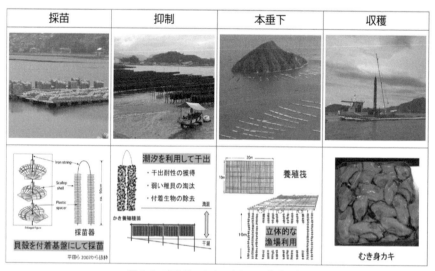

図1.4　広島県における主なカキ養殖工程

半分は完了したという意味で「種半」と言われるほど，採苗は重要な工程となっている．その後，殻高が数ミリメートル程度になるまで養生した稚貝を，潮間帯に設置された棚に移動し，潮汐を利用して干出を与える抑制工程により稚貝（種苗，種）を鍛える．「種を鍛える」という表現は稚貝に干出耐性を持たせることや，干出に耐えることができない弱い稚貝を淘汰するという意味で使われ，この間の種苗のできの良し悪しがその後の生産量を左右する．採苗後，数か月～1年程度鍛えられたカキは，竹で組まれた筏（縦横 20 m × 10 m，テニスコート程度の大きさ）に垂下され，海中に吊るされることで常に摂餌が可能な環境へと移行される．養殖中に人間が餌を与えることはなく（無給餌養殖），海域で発生する植物プランクトンなどを取り込み，採苗後1～3年をかけて成長し，出荷に適した大きさへ成長すると，収穫・出荷される．

5.1.5 近年のカキ養殖をめぐる問題と取り組み

カキ養殖約450年の歴史のなかで，先人たちのさまざまな技術革新によって生産効率は向上し，海域の生産力を最大限利用する形で今日の生産量を誇っている．しかしながら，近年の気候変動などに起因する環境変化の影響により，採苗不調の頻発（図1.5）や，夏場の高水温や有害生物による大量へい死，産卵期の長期化やエサ不足による身入り不良など，カキ養殖の存続を脅かす事態が頻発している．

(1) 採苗安定化の取り組み

カキ養殖工程の中でも特に重要となる採苗であるが，1990年代以降，養殖に必

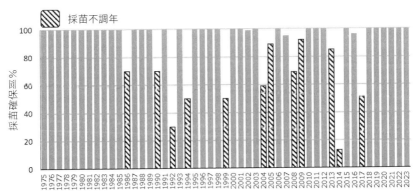

図 1.5　広島県のカキ養殖における採苗率の経年推移（100％で養殖に十分な種苗枚数を確保）（広島県水産課調べ）

要な種苗が確保できない「採苗不調」が頻発している（図1.5）．

採苗は，十分な付着期幼生が海域で発生することで初めて実現可能であるが，採苗不調は付着期まで生き残る幼生数が極端に低下し，採苗可能な幼生密度に達しないことや採苗の機会が減少することで生じる．特に2013年，2014年と2年連続で採苗不調に陥った際には，カキ養殖産業の存続が危ぶまれる事態となった．養殖に使う種苗は主に2年後の収穫につながるものであるため，単年の採苗不調だと抑制漁場における余剰分などで生産は維持できるものの，連続して採苗不調に陥ることは，その後の生産量を減少させる致命的な影響につながる．過去に行った採苗不調に陥る要因の調査では，幼生の出現場所と餌の比較的多い海域の分布が一致していないことが明らかとなっており，付着期幼生までの生残率を下げていることが示唆されている（図1.6，平田，2008）．

そこで，採苗安定化対策として，放卵・放精が見込まれる親貝が垂下された筏（親貝筏）を，餌料環境が比較的良好な海域に配置し，付着期幼生までの生残確率を向上させることで，採苗を安定化させる取り組みを，2015年からカキ養殖生産者が一体となって実施している．親貝筏を配置した後は，採苗可能な機会が毎年安定して発生し，致命的な採苗不調に陥る年は生じていない（図1.7）．

カキ養殖業界が一体となった採苗安定化対策に加え，長期的な安定化に向けた採苗不調対策に，産学官一体となって取り組んでいる．採苗実施の判断を行うためには，海域における幼生の出現状況を把握し，付着動向を見極めることが必要であるため，公設機関である広島市水産振興センターによる広範で密なモニタリング調査に加え，カキ養殖生産者自らの調査も併せて実施している．しかしながら，自然環境が相手であるため，採苗安定化対策を行ったうえでも幼生出現のタ

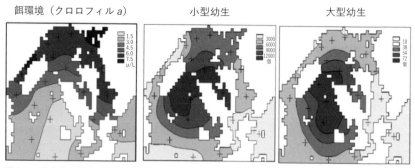

図1.6　代表的な採苗海域である広島湾のクロロフィルa量（餌の指標）と平均カキ幼生数の分布（平田，2008）

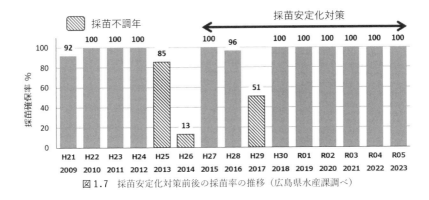

図 1.7 採苗安定化対策前後の採苗率の推移（広島県水産課調べ）

イミングと餌料生物の増加が一致せず，幼生の生残が著しく低い年が生じるなど，自然環境を相手にした養殖の難しさを経験する年も発生する．そのような中でも継続的に安定した採苗を実現するために，広島市水産振興センターによる長年積み上げられた綿密な幼生調査や付着状況調査の情報を基盤として，水産研究・教育機構による数値シミュレーションを用いた幼生の動態検証や，これまで明らかにされていなかった幼生の初期餌料の発見（中国新聞，2021 年 11 月 8 日），採苗に好適な環境条件の特定など（Matsubara et al., 2023），採苗安定化に資する調査研究が精力的に行われている．また，顕微鏡下でマガキ幼生を判別するためには習熟した技術を要するが，最新のデジタル技術の活用により，誰でも簡単にマガキ幼生を検出するしくみが開発されている．この点は，開発者から次の節で詳細に紹介することとする．

(2) カキ養殖のスマート化の取り組み

採苗不調のみならず，近年の環境変化による身入り不調や夏場の大量へい死が多発している．これらの問題は，生産者がこれまで培ってきた経験では対応できず，養殖経営の収益性低下や，漁場環境の悪化を引き起こし，カキ養殖の持続性を阻害する要因となっている．そのため，養殖海域の定量的な環境観測情報を活用して，環境変化に対応した養殖生産を行う必要性が年々増している．このような状況に対応するため，近年急速に発展したデジタル技術を用いて，カキ養殖生産の安定化，効率化を行う取り組みが実施されている（図 1.8）．具体的にはカキ養殖漁場に網羅的に配置された観測ブイによって漁場環境を測定し，データを蓄積・可視化する機能や，各種生産に関するレポートや生産出荷情報をデジタル化して閲覧・記録する機能，前述したカキ幼生自動判別の機能を活用したかき幼生

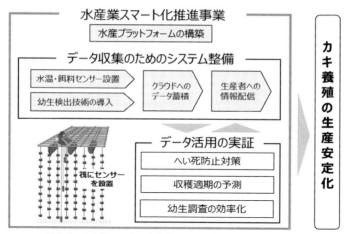

図 1.8 広島県における水産業スマート化推進事業の取り組み

調査情報を表示する機能が，広島県におけるカキ養殖生産者を中心に導入されている（⇨5.2 節）．このような取り組みは，執筆現在も進行中であるが，複雑な環境変化に対応できる新たなカキ養殖の実現に向けた取り組みが続いている．

〔水野健一郎〕

文　献

荒川好満・山崎妙子 (1977)．カキの料理法―和洋中国風牡蠣料理 180 選―．「牡蠣：その知識と調理の実際」，柴田書店，東京，pp.72-186.

大泉重一 (1976)．「浅海完全養殖 改訂版」，恒星社厚生閣，東京，pp.164-168.

片上広子 (1996)．近世から近代における広島カキ船営業の地域的展開．歴史地理学，179, 58-73.

農林水産省 (2023)．令和 4 年漁業・養殖業生産.

平田靖 (2008)．広島湾におけるかき幼生の分布．水産と海洋，11, 3-4.

広島かき出荷振興協議会 (1977)．「広島かき」，広島かき出荷振興協議会，広島.

FAO (2022). FishStat. Universal software for fishery statistical time series. FAO fisheries and aquaculture department, Statics and information service, Rome.

Rick, T. C. (2023). Shell Midden Archaeology: Current Trends and Future Directions. J. Archaeol. Res., 1-58.

Hirata, Y., M. Wakano, D. Matsubara and K Nagasawa (2007). Presoaking Effects of Spat Collectors in Seawater Containing Adult Live Diploid Pacific Oysters (*Crassostrea gigas*) on the Settlement of Triploid Oyster Larvae. Aquacult. Sci., 55, 557-562.

Matsubara, T., M. Yamaguchi, K. Abe, G. Onitsuka, K. Abo, T. Okamura, T. Sato, K. Mizuno, F.

Lagarde and M. Hamaguchi (2023). Factors driving the settlement of Pacific oyster *Crassostrea gigas* larvae in Hiroshima Bay, Japan. Aquaculture, 563, 738911.

5.2　カキ幼生の AI 画像検出

　広島県の養殖カキ生産量は全国 1 位（2021 年国内シェア 58.5%），岡山県は全国 3 位（同国内シェア 9.3%）を占めており，兵庫県も合わせた瀬戸内海山陽側だけで国内シェア 7 割以上（むき身換算では 8 割以上）を占める主要水産業の一つとなっている（農林水産省，2023；広島県，2023）．種苗の確保については，付着期幼生の発生する夏季において付着基質（ホタテガイ貝殻を束ねた採苗器）を浸漬し，海中に浮遊しているカキ幼生を付着させる天然採苗が主体となっている（⇒5.1 節）．陸上水槽で幼生を育成する人工採苗も一部行われているものの，広島県では低コストな天然採苗がほとんどであることから，天然海域においてカキ幼生の発生量が少ない年は，計画的な生産が困難な状況に陥ることになる．幼生の発生は降水量（幼生の餌となる植物プランクトンの発生量に影響）や台風の発生など，気象条件に影響を受けることが指摘されている（平田，2008）．近年は安定した採苗が達成できているものの，過去には生産維持に必要な量の 20～30% しか確保できなかった年も発生しており（1992 年，2014 年），その際は他の産地（主に宮城県）から種苗を購入する必要が生じ，大幅な生産コスト増につながることになる．採苗不調の年においても海域や時期をうまく選択すれば十分な数の種苗を確保できた事例があることや，通常の年においても船の燃料代や採苗器の準備などの節約につながることから，安定した生産のためには採苗のタイミングを見計らうための幼生発生量モニタリングが非常に重要であると考えられる．

5.2.1　簡便かつ高精度な幼生発生モニタリングの必要性

　広島湾内における幼生発生モニタリングとしては，広島市水産振興センターにおいて詳細な調査（広島湾内約 20 か所における高頻度な定点幼生数カウント）および迅速な調査結果の周知がなされている．しかし，顕微鏡観察による幼生数カウントであるため，専門的な知識と多大な労力が必要となるとともに，各地点のサンプルを採取した後で試験場に持ち帰ってカウントする必要があるため，調査時点と結果周知時点に 4～6 時間程度の時間差が生じてしまう．また，幼生数カウントは生産者自身によっても一部行われているものの，カウント対象のサイズが

非常に小さい（0.2〜0.3 mm）ことから，同じサンプルでもカウントする人の熟練度によって結果が異なる場合があることが問題となっている．以上のことから，中国電力株式会社と株式会社セシルリサーチでは，幼生検出の簡便化，迅速化，高精度化を目的として，AI 画像認識によるカキ幼生検出手法の開発と IoT 技術の活用による幼生検出手法の実装に取り組んできた．

5.2.2 カキ幼生の AI 画像検出手法開発について

カキ幼生の発生状況は降雨や風の影響により刻々と変化する．特に幼生の発生量の少ない年において適切な採苗のタイミングを逃さないためには，検出結果を迅速に得て，その結果に基づき採苗作業を進める必要があり，採苗候補地点において船上で一連の作業を実施できると好都合である．そこでサンプル採取〜前処理〜検出〜結果確認まで陸上にサンプルを持ち帰ることなく，船上で全工程を実施可能な手法を目指して開発を進めた．

(1) サンプル採取・前処理方法の検討

カキ幼生は微小であり，また，植物プランクトンと比較して密度が低いため，検出するためのサンプルは，プランクトンネットで濃縮して採取する必要がある．カキ幼生のうち，採苗判断において特に重要な付着期幼生は水深 0〜3 m 層に最も多く分布しているとの報告（菅原ら，2000；平田，2007）があることから，サンプリングは北原式表面プランクトンネット NXX9（目合い 150 μm）を用い，2.8 m 鉛直曳き（濾水量約 200 L）により実施した．プランクトンネットサンプル中には目合いよりも大きいサイズの微細藻類や夜光虫なども場合により高密度に回収されることになるが，良好な画像を取得するためにはこれら夾雑物を除去することが不可欠となる．そこで除去作業を簡便に，揺れる船上でも実施可能とするために，前処理器具を独自に開発した．前処理器具は図 2.1 のような筒状の構造をしており，プランクトンネットで採取したサンプルに水道水を添加して，カキ幼生の遊泳を停止させた上で，比重により幼生を回収できるしくみとなっている．植物プランクトンや夜光虫のような比重の小さい粒子よりもカキ幼生のように殻を有し比重の大きい粒子のほうが早く沈むが，サンプルを添加・攪拌して 2 分後にコックを閉じて回収容器を取り外すことで，特に大型のカキ幼生を選択的に分離回収することが可能となる．模擬サンプルでカウントした結果，本手法によるカキの付着期幼生の回収率は約 80% で，他種プランクトン除去率は 98% であり，実用的には十分な回収率・除去率であると判断した．

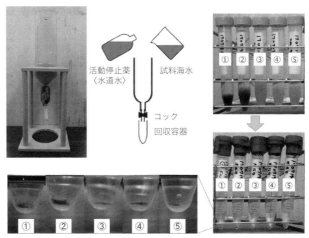

図 2.1 サンプル前処理器具
右上のような植物プランクトンを多量に含み画像取得が困難なサンプルから右下および下（拡大）の状態まで分離回収可能．

(2) 画像取得方法の検討

カキ類の後期幼生は他の二枚貝幼生に比べてアンボ（蝶番付近の膨らみ）が大きいといった特徴があり，他種二枚貝との識別は比較的容易な種といえる（図 2.2）．また，付着期には大きさ 15〜20 μm の眼点が発達するが，ホタテガイ貝殻に着生可能な幼生の目安として眼点の有無を利用できることから，眼点を識別可能な倍率・解像度で撮影できることを目標に画像取得方法を選定した．

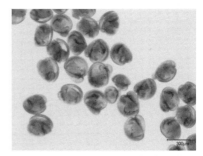

図 2.2 マガキ付着期幼生（飼育個体）
各個体の中央付近の黒い点が眼点．

画像取得方法として，当初はスマートフォン（スマホ）1 台で撮影から検出まで実施可能であることを目指していたため，スマホ付属のカメラで拡大撮影することを検討したが，市販のスマホ装着用レンズで最も倍率の高かった 20 倍マクロレンズを装着しても解像度の問題から眼点を識別可能な画像までは撮影できなかったため，スマホカメラでの撮影は断念した．また，スマホのカメラは機種によって性能の違いが大きく，モデルチェンジが頻繁であることから，高解像度カメラを備えた機種を用いて眼点が撮影できたとしても，その機種限定での利用となってしまい，実用的ではないことが想定された．そこで，デジタルカメラ（OM

デジタルソリューションズ(株)，TG-6）の顕微鏡モード機能を用いて接写撮影を試みたところ，拡大倍率 2.6 倍（撮影範囲 7.6 mm×7.6 mm）で眼点を識別可能な鮮明な画像を得られることがわかった．また，回収サンプルを収容したシャーレを上から撮影すると蛍光灯や太陽光が水面で反射することにより鮮明な画像が得られない場合があることや，下側から撮影することでシャーレの底に沈むカキ幼生にピントが合いやすいことから，カメラを下に敷き，カメラレンズ上にアクリル板を介してシャーレを置いて下から撮影することとした．照明は小型 LED パネル（富士フイルム(株)，LED ビュアープロ 4×5）を用いシャーレの上から透過照明を当てることで，安定した条件で画像を取得することができた．また，この撮影条件では，カメラ背面液晶モニターを目視することが困難なため，Wi-Fi ダイレクト機能（無線 LAN を介さず機器同士を直接つなげる機能）を用いてカメラをスマホと接続し，撮影することとした．

　開発目標である船上ですべての工程を実施するためには，揺れる船上で撮影できる必要があるが，こちらについても検討を進め，撮影条件については小型 LED パネルにより十分な照明があれば，シャッタースピードが短く，多少の揺れのもとでも良好な画像が撮影できることを確認した．また，撮影時にサンプルを収容するシャーレについても，内側に堰を加工し，サンプルが揺れにより視野から外れることを防止するようにした．さらに，撮影装置一式を専用の箱にコンパクトに収納し，船上で扱いやすく，手早く撮影できるように工夫を加えた（図 2.3）．

図 2.3　カキ幼生サンプル撮影装置
左上：デジタルカメラのセット状況，右上：シャーレのセット状況，左下：LED パネルのセット状況，右下：ボックス収納時の様子．

（3） AI 検出モデルの構築

AI による画像検出には CNN（畳み込みニューラルネットワーク）という仕組みを利用した．ニューラルネットワークとは人間の脳神経系の仕組みを模倣した数理モデルのことである．CNN に大量の教師画像（本報告においては，ラベリング済みのカキ幼生の写った画像）を学習させると，ちょうど脳内のシナプス間の結合の強さに対応するようなネットワークの重み付けがなされ，ある特徴的なパターンなどを認識できるような学習済みモデルを構築することが可能となる．

AI 画像検出対象のカキ幼生として，撮影倍率と解像度の問題もあることから，小型，中型のカキ幼生は識別が困難であると判断し，0：付着期眼点あり（270 μm 以上），1：付着期眼点なし（270 μm 以上），2：大型（210〜270 μm）の 3 区分とした．なお，この区分は広島市水産振興センターのカキ幼生調査 ［(公財)広島市農林水産振興センター水産部，2021］をもとに設定した．

広島湾内各所において上述の方法でサンプリング・前処理・撮影した 1000 枚以上の取得画像から各区分 1400 個体以上のデータを用意し，検出モデル（Efficient-Det）への学習を行った．学習後のモデルについて，各区分 50 個体以上のテストデータを用いて検出性能を評価したところ，各区分で違いがあるものの，一定の精度での検出が可能であることが明らかとなった．さらに，その後の検討により，採苗時にコレクターに付着するとカキ幼生の生育に影響のあるフジツボ類付着期幼生についても区分に加え，同時検出を可能とした．各区分の検出精度（平均適合率 AP）を表 2.1 に示す．また，野外サンプルの検出例を図 2.4 に示す．多数の幼生が画像中に含まれていても，一定の精度で，数秒でカウントすることが可能となっている．なお，本検出手法において，検出精度は教師データが増えれば増えるほど向上するが，2023 年 11 月現在においては，実証の過程で生産者がサンプリング，撮影した教師データを追加して再学習を複数回実施しており，開発当初よりも精度が向上している．今後も実運用に伴いさらなる精度向上が期待さ

表 2.1 各区分の検出精度（平均適合率）

検出区分	平均適合率（AP）	mAP
0：付着期幼生（眼点あり）	0.709	
1：付着期幼生（眼点なし）	0.506	
2：大型幼生	0.745	0.709
3：フジツボ付着期幼生	0.876	

平均適合率および mAP（平均適合率の平均）は 0〜1 の値をとり，1 に近いほど正確に検出可能なモデルと評価される．

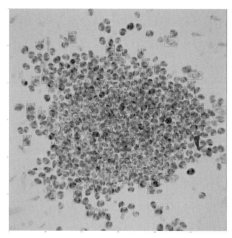

図2.4 AIを用いた野外採取サンプル中のカキ幼生の検出（口絵11参照）

れる．
(4) カキ幼生検出アプリの開発

　以上により，サンプリング〜前処理〜撮影〜検出の一連の工程の手法が固まったが，生産者にとって使いやすい方法として実装するために，クラウドシステム開発およびスマホアプリ開発を進めた．開発したシステムを活用した検出の一連の工程は以下のとおりとなる．まず，使用者は船上において，プランクトンネットサンプル採取時にスマホアプリ上の採取地点データ取得ボタンをタップし，採取地点GPS座標と日時を記録する．その後，前処理，撮影を実施し，撮影した画像をWi-Fiダイレクト接続を通じてデジタルカメラからスマホに取り込む．取り込んだ画像は，採取地点・日時データと紐づけしたうえで，スマホの通信機能を使ってクラウドシステム上に送信し，検出モデルで検出する．クラウドシステム上で得られた結果はスマホアプリでマップ表示されることで，即座に生産者間で情報共有が可能となる．マップ上のポイントは付着期眼点あり幼生の密度により色分けされ，ポイントをタップすることで，登録者名を含む詳細情報とともに，各区分の幼生がマーキングされた画像を確認することができる．この画像は拡大表示することもでき，幼生体内の色から，幼生の栄養状態もある程度評価することが可能となっている（図2.5）．一連の検出工程に要する時間は，サンプリングも含めると5〜10分程度（画像をクラウドシステム上に送信してからは30秒〜数分）であり，採苗実施直前において船上で陸上に戻ることなく迅速に結果が得ら

5.2 カキ幼生の AI 画像検出　　　　　　　　　　　　　　　　　　　　　141

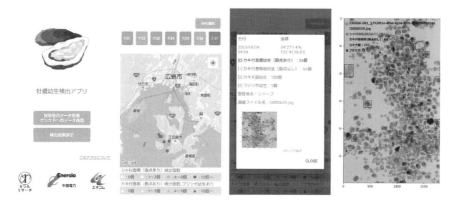

図 2.5　カキ幼生検出アプリ
左から初期画面，マップ画面，検出結果画面，検出画像拡大．

れるとともに検出結果はサーバー上に保存されることから，幼生発生状況の推移を参照することも可能となっている．

(5)　フローイメージング法によるカキ幼生検出

上述したデジタルカメラ画像による幼生検出は，発生密度の低い付着期幼生については有効と考えられるが，資源管理上の目的で，よりサイズが小さく発生密度が高い小型の幼生を評価に加える場合は倍率や重なりの問題によりカウントが困難である．そこで，微細粒子の画像を高速で取得し，画像解析することが可能なフローイメージング顕微鏡 (Yokogawa Fluid Imaging Technologies, Inc., フローカム 8000) を用いた幼生の大きさ別カウントについても検討した．フローカム 8000 は厚さ 50〜1000 μm のガラススリットを通過する微粒子を自動で認識し，各微粒子のトリミング画像を高速に取得し，取得した微粒子画像それぞれについて 40 以上の形態学的な計測値 (面積，縦横比，円換算半径，光透過率，色など) を

図 2.6　フローカム 8000

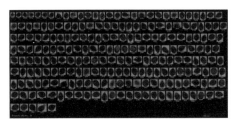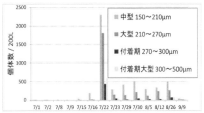

図2.7 フローイメージング法によるカキ幼生検出の一例
左：取得画像，右：広島湾内1地点の幼生発生状況.

統計的に処理することにより，類似した粒子を自動で抽出することが可能な装置である（図2.6）．フローカムによるカキ幼生検出の一例を図2.7に示す．

フローカムは，装置導入コストが高価であるものの，カウント対象の密度が高い場合においても短時間に結果が得られることから，資源管理上の幼生密度調査など，調査目的の用途で活用が期待される．これまでに報告されている活用事例のほとんどは植物プランクトンが測定対象（小池ら，2014；宮村ら，2014）となっているが，アメリカ海洋大気庁海洋漁業局（NOAA Fisheries Service）において，ハマグリ，イガイ，オオノガイ，カキなどの二枚貝の種苗生産の過程で健全な成長を確認するためにフローカムを活用しているとの報告もあり，天然のカキ幼生検出においても一定程度活用可能と考えられる．

(6) 他のカキ幼生画像検出手法について

マガキ幼生の機械学習手法を用いた画像検出としては，本報告の手法のほかにマイクロイメージングデバイスを用いる手法が報告されている（Kakehi et al., 2021）．マイクロイメージングデバイスは半導体チップの上にガラス板を介して直接サンプルを載せて顕微観察する手法であり，顕微鏡やデジタルカメラのようにレンズやミラーで集光，拡大する必要がないため簡易でコンパクトな顕微観察が実現されている．ただし，本手法の対象は，ホルマリン固定をしたサンプルであり，また，カラー情報を含まないグレースケール画像によるものであることから，サンプルや画像の質が安定することもあり検出精度が非常に高いものの，色情報による幼生の質の評価や，船上での迅速な検出実施は困難と推測される．

5.2.3 今後の展開

微小なプランクトンの検出は，養殖分野においては，カキ幼生以外にもアサリ幼生やホタテガイ幼生などの天然採苗されている二枚貝幼生および魚介類の卵や

稚仔魚の資源調査においてニーズがあると考えられ，また，火力・原子力発電所などの海水利用プラントや養殖設備の生物付着防除目的としては，フジツボ類幼生（特にアカフジツボなどの大型フジツボ幼生），ムラサキイガイ幼生，ミドリイガイ幼生の発生時期（付着時期）判断に検出ニーズがあると考えられる．近年のAI画像識別技術の進展により，これらの分野においても同技術の適用が進んでいくことが期待される．

　本開発においては，AIによる画像検出を用いることで，カキ幼生の特徴的な形態を活かし，簡便，迅速，高精度な付着期カキ幼生の検出および検出データの共有が可能となった．本検出手法は，広島県農林水産局水産課との協力協定に基づき，ひろしまサンドボックス終了後も継続して開発を進めており，2021年度より4年計画で広島湾内の4漁協にてカキ幼生検出アプリの実証試験を行っている．2024年度で実証期間が終了するが，中国電力株式会社と株式会社セシルリサーチでは広島県内における継続的な活用と広島県外のカキ産地においても新たに活用していただけるように実用化に向けた準備を進めている．

〔柳川敏治・神谷享子・林　義雄〕

文　　献

農林水産省（2023）．令和4年漁業・養殖業生産統計．

広島県（2023）．令和5年度　広島かき生産出荷指針．

平田靖（2008）．広島湾のかき採苗不調と少雨の関係．水産と海洋，13，1-2．

菅原義雄・大岩正幸・松本陽一・高橋克成・千葉誠司・工藤茂晃・佐々木良・古島靖夫・工藤
　　君明（2000）．マガキ浮遊幼生の鉛直分布．宮城県水産研究開発センター研究報告，16，99-
　　108．

平田靖（2007）．広島湾におけるかき養殖用種苗の安定確保をめざして．平成19年度　広島県総
　　合技術研究所水産海洋技術センター研究発表会要旨集．

広島市農林水産振興センター（水産部）（2021）．令和3年度　業務報告書，5-9．

小池和彦・Maung Saw Htoo Thaw・北原茂（2014）．FlowCAMを用いた植物プランクトンの広
　　範囲・連続モニタリング：特に赤潮分布調査への応用について．日本プランクトン学会報，63，
　　34-40．

宮村和良・石坂丞二（2014）．西部瀬戸内海におけるFlowCAMを用いた現場赤潮監視．日本プ
　　ランクトン学会報，61，41-44．

Kakehi, S., T. Sekiuchi, H. Ito, S. Ueno, Y. Takeuchi, K. Suzuki and M. Tagawa (2021). Identifica-
　　tion and counting of Pacific oyster Crassostrea gigas larvae by object detection using deep
　　learning. Acacult. Eng., 95, 102197

5.3 フジツボ類の食材利用の現状と養殖への挑戦

先史時代から，沿岸域に居住し農耕よりも漁労を主とする（たとえば沿海州周辺の少数民族や北米沿岸部の先住民などの）民族は世界中に少なからず存在したはずである．近代化以前に海産天然物の利用はすでにあらゆる可能性が追求されたと考えて良かろう．付着性の食材としては海藻類，カキ類などとともにフジツボ類（カメノテやフジツボ）も食べることが可能という認識は，おそらく世界中の漁民にある程度は共有されていたと考えられる．

しかし，食べてみれば特有の美味しさがあることは納得できるはずだが，フジツボやカメノテが一般的な海産物かというと，そんなことはない．その理由として筆者が考えることと，それでも養殖に挑戦した事例について以下に述べる．

5.3.1 食材としてのフジツボ類の利用-1　ペルセベスとカメノテ（有柄類）

スペインでペルセベスと呼ばれる *Pollicipes pollicipes* という種類は，日本のカメノテ *Capitulum mitella* に近縁で，地元ガリシア州ではかなり有名であり，貴重な観光資源として扱われている．日本のカメノテも，海沿いの釣宿などの宿泊施設ではちょっと珍しいが美味しい食材として供されるケースはそう稀ではないはずである．しかし位置づけはあくまでも珍味である．おそらく世界中で同じような扱いだろう．筆者はかつてスペインのインターネット食材サイトでキロ換算5万円以上の値が付いたペルセベスの缶詰を見た．どうも，かつてサイやイッカクの角が強精剤として乱獲の対象になったり，マムシ酒が一部でファリック・シンボル（男根崇拝）として珍重されるのと同じような気配を感じる．

高級食材として認知されているスペインでは厳格な管理のもとに限られた漁期にだけ採取が許されている．成長が極めて遅いためである．

5.3.2 カメノテ養殖の現状

筆者はかつて愛媛大学南予水産研究センター周辺の消波ブロック上のカメノテ個体群において一部の個体除去後の様子を 2015〜2016 年の 2 年間にわたって観察した．しかし再生産は極めて遅かった．新規加入個体は残置した成体の柄部の鱗の隙間にあたかもポリプのようにして付着している．しかし隣接する除去後の

基質への付着は見つけられなかった．愛媛などではスーパーでもときどき見かける食材だが，大量に採取されると資源の枯渇が懸念される．しかし現実にはそんな需要はない．可食部が小さいこと，日常的な食料とすると簡単に取り尽くすので食文化として定着しなかったのではないか．あくまでも珍味なのだ．スペインでも採取だけで養殖はまったく行われていない．このことがカメノテが主要な水産物とならない理由と思われる．

　筆者はカメノテの人工種苗生産・大量供給が可能になれば世界的な貢献になると考え，飼育下での人工付着を試みた．活発に遊泳するキプリスまで育てることは困難ではないのだが，SIPC（着生誘起フェロモン，⇒2.2節）を添加したり，親の表皮切片と接触させたり，容器を振とう器に置いて水流をつくるなどさまざまな方法を試みてもまったく着生の兆しが得られず断念した．同時期にペルセベスで徹底した検討を試みた例（Franco et al., 2015）もあるが，成功していない．今のところ室内でのカメノテ類のキプリス幼生の大量着生には世界の誰も成功していないと思われる．

　磯にカメノテの個体群はいくらでも存在する．そこで消波ブロックに絡みついたロープ上に付着したカメノテの幼稚体を採取してきてその付着状態を調べてみた．ロープをほぐして行くと最終的にロープの1本の繊維の上に軟質のセメント質で付着していることが確認できた．当然であるが，カメノテも成体の体表以外の基質に着生をする．人工基盤に種苗として大量付着させることは可能なはずだ．しかし人工飼育の何が問題でキプリス幼生の着生が実現できないのかがわからない．おそらく餌料プランクトンの栄養によるキプリス幼生自体の変態能力の有無，着生の端緒となる基質表面の物理的化学的な状態などが影響しているのだろう．この問題を突破できればカメノテ養殖は世界的に注目される可能性がある．意欲ある研究者の登場に期待したい．

5.3.3　食材としてのフジツボ類の利用-2　フジツボ（無柄類）

　ペルセベス，カメノテと比較しても，人類とフジツボ（無柄類）の関わりはさらに乏しいように思われる．一般的に磯で目にするフジツボの仲間はせいぜい2〜3 cmの大きさで，そもそも食材として認識すること自体が困難だ．好奇心旺盛，あるいは飢餓状態の人が少し大きい個体を目にして食べてみようとしても，スクレーパーのような鉄器がない時代には岩からきれいに剥がすことができなかったろう．殻が傷つけばすぐにへい死してしまう．可食部も小さい．その場で食べる

か持って帰ってすぐに調理するのがせいぜいである．流通させることなどできない．それがフジツボが日常的な食材として普及しない最大の理由と考えられる．

後述する可食部が比較的大きな大型フジツボであるピコロコやミネフジツボの生息域は潮下帯であり，磯を歩いても目にすることができない．岩手県久慈市は「北限の海女」で有名だが，もっと高緯度の沿海州周辺で活躍した海洋少数民族でもさすがにウエットスーツがない時代には潜水採取まではしなかったということではないだろうか．貝塚からフジツボが出土したという話も寡聞にして知らない．

それでもフジツボを食べる文化は少数ながら存在する．以下，フジツボの利用について筆者の知ることのできた事柄を述べる．

(1) チリのピコロコ

世界に目を向けてみればチリのピコロコ *Austromegabalanus psittacus* のように十分な大きさがあるフジツボも存在する．先住民は食べるだけでなく殻をコップとしても用いていたと聞く．殻高が最大で 30 cm にもなるというピコロコほどの大きさがあれば，食べてみようと思っても不思議はない．潮下帯であっても採取努力に値する大きさがあったということだろう．

Lopez et al. (2010) によれば，ピコロコは年間 200〜600 t の生産量がある．筆者の共同研究者である井戸篤史博士は 2013 年 1 月にチリの南部，ピコロコの主要産地のプエルトモント周辺で現地調査を行った．その生産方法は，あらかじめ採取用に設置したロープや海底などに自然付着したものを一定期間維持管理して，商品サイズまで育ったものを潜水士が採取するというものだった．調査に協力してくれた業者は，採取後に業務用のスチーム釜で蒸してむき身にして出荷している（図 3.1）．生鮮のまま出荷している業者も多いら

図 3.1　蒸し剥き身とされたピコロコ（1 個約 100 g）

図 3.2　サンティアゴ市場のピコロコ

しい．サンティアゴの市場をはじめチリ各地ではピコロコを一般に目にする機会
がある（図3.2）．

2010年6月にチリから水産物を輸出している水産業者のJ. A. Lopez氏に行っ
た聞き取り調査によると，塩ビパイプなど採取しやすい方法を検討している人も
いるが，種苗自体は基質を海中に垂下しておけば大量に付着してくるので人工種
苗生産を検討する必要はない，とのことだった．最近では人工種苗生産を目指し
て幼生の生理状態にまで踏み込んだ徹底した人工飼育の検討も行われたが，量産
の実現には達していない（Pineda et al., 2021）．

(2) 各国のフジツボ

前述のLopez et al. (2010) によれば，チリ以外にも，北米太平洋岸，大西洋，
次項に詳述する青森のミネフジツボなど，各地の寒流系水域には大型のフジツボ
が生息している．一方，暖流系では大きくてもアカフジツボなど3〜4 cm程度の
種が多いようだが，筆者は愛媛県南部の波当たりの強い岩礁地帯で殻高7 cmに
近いオオアカフジツボを採取した．同地の古老によると，みな美味しいことを知っ
ているが，食糧難時代の名残でフジツボを食べることを恥とする雰囲気もあった
という．まさにゲテモノ扱いだ．インドネシア東部の小スンダ諸島周辺では巨大
フジツボを漁民が食べるとの報告（Prabowo, 2014）もあり，9 cmほどの個体の写
真が添えられている．これも報告者によればやはり知る人ぞ知る珍味という扱い
らしい．暖流域でも大きいフジツボは食材として利用されている例があるようだ．

(3) 日本のミネフジツボ

過去30年ほど，青森県ではミネフジツボ *Balanus rostratus* が海鮮高級割烹に
利用されるようになり，名産品としての認識が徐々に広まっている．筆者が入手
できたその利用に関する最古の資料は塩原（1993）によるものである．古くから
地元の漁師に利用されてきたが自家消費レベルであり，その当時に高級料理とし
て認知され始めた．高値が付くので資源枯渇が始まっているとある．

筆者が背景を調べたところ，1990年頃に青森市の高級割烹「百代」の料理長浪
内通氏が甲殻類と聞いて有効利用できると確信，試行錯誤の末に高級料理として
のレシピを確立した．修行時代の兄弟弟子がいる東京の高級料亭へ伝えたところ，
一見食べ物とは思えない外観だが恐る恐る食べてみると意外にもすごく美味し
い！ と東京のTV局などマスコミが取り上げ，青森へ取材が殺到，有名になっ
た．茹でたフジツボから漂う磯の香りが白砂青松の磯の光景を連想させ，その会
席料理全体のイメージを演出できる優れた食材となるとのことだった（図3.3）．

1990 年代半ばには北里大学の加戸隆介教授も養殖の可能性を念頭にむつ湾でのミネフジツボの生育状態の調査（加戸，1996）を行うとともに，フジツボの養殖を希望する陸奥湾周辺の漁協の要請でフジツボについての解説・指導を行った．1998 年からは当時の青森県水産試験場も 5 年にわたって養殖の可能性調査を行った（中西ら，2003）．しかし，天然採苗が困難なこと，付着生物の掃除に手間が掛かることなどが理由で，実用化には至らなかった．

図 3.3　料亭のミネフジツボ（口絵 12 参照）

しかし，むつ湾には本業はホタテ漁師であるが，産業廃材のホタテ貝殻を利用し，自然付着したミネフジツボを維持管理して出荷している漁師が複数存在する．むつ市川内には青森県で唯一，フジツボの漁業権が設定されている．同地の八戸彦一氏は独自の努力の末，天然採苗によるミネフジツボ養殖手法を確立し，ミネフジツボ養殖の第一人者としてしばしばマスコミにも紹介された．その養殖方法はアゲピンと呼ばれるホタテ耳吊り養殖用のピンを用いてホタテあるいはイガイの貝殻を海中でロープに吊るしておくという形態である（図 3.4）．また湾南岸の平内にも有力な生産者が存在した．しかしこの 2, 3 年で天然採苗ができない年があったことや，付着生物の清掃に手間がかかること，年齢などを理由に彼らはリタイアしてしまった．このため市場価格は高騰している．現在（2023 年）では生産者価格は 2000 円/kg 以上とホタテの約 10 倍，市場価格は 8000 円/kg 以上もしばしばあるなど漁業者にとって極めて魅力的であるのだが．

現在市場に出回るミネフジツボは，ロープやミネフジツボの上に重層的に付着していたと思われるものも多い．これはホタテ

図 3.4　八戸彦一氏によるむつ湾養殖ミネフジツボの収穫（2012 年 9 月）（口絵 13 参照）

養殖漁師がホタテのために展開している養殖施設のアンカーロープなどを定期的に補修するために引き上げた際に自然付着していたミネフジツボを廃棄せずに洗浄などを行って出荷しているケースが含まれると考えられる.

このように，現状のミネフジツボ養殖は，種苗の天然付着に依存した状態で行われており，その採苗技術は極めて不確実なものである．さらに，ホタテ養殖漁師から見ればフジツボは邪魔な存在である．このためフジツボ養殖漁師はそのことを語りたがらない．そのためフジツボを養殖している漁師の実数は不明である．県の統計もない．地元地方紙『デーリー東北』の水産市況欄にはむつ市水産市場のフジツボの価格が掲載されているが，青森の大手水産卸会社によればフジツボは市場外流通が多く，実態は把握できないとのことである．

生産側のこのような実態に対して需要側はいささか異なっている．筆者らが2012年夏に前述の浪内通氏が会長を務める青森青包会（青森市内の飲食店調理師，水産流通業者の親睦団体）のメンバーとフジツボ養殖について懇談した際，口々に要望されたのは，安定供給と価格の問題だった．欲しくても生産量が少なくて市場に出てこない，出てきても高価で手が出ない．フジツボの味を知っている客は，「フジツボあります」と店先に表示すれば店に入ってきてくれるため，客引き商品として大変魅力で，採算割れであっても扱いたいのに，それさえもできないことが多いという．

青森では公益社団法人青森観光コンベンション協会が青森の美味しい海産物として「七子八珍（7種の魚卵と8種の特産魚種）」を指定し，その中にミネフジツボも含まれている．しかし，特産食材としてミネフジツボの名前は挙がっているのだが，生産に対する取り組みが行われている訳ではない．

5.3.4 ミネフジツボ人工種苗生産技術の開発

最後に，筆者が取り組んできたミネフジツボの養殖技術開発の取り組みを紹介したい．1991〜1996年に海洋付着生物の付着機構解明を目指したJSTの伏谷着生機構プロジェクトで諮問委員を務めた加戸隆介教授と研究員だった筆者は以下の知見を共有していた．「タテジマフジツボでは安定した室内着生技術が確立していること，プロジェクトの松村清隆博士の研究によりSIPCを使用するとキプリス幼生を任意の位置に誘導できること，フジツボは軟弱な防汚塗膜の下に潜り込んで成長する場合があること，プラスチック素材に付着したフジツボはきれいに剥離すること，シリコン無毒型防汚塗料が世に存在すること」．大型フジツボは実験

室内での着生が困難であるとの情報もあったが，これに対して加戸教授は次の仮説を立てられた．大型のフジツボ種の幼生の室内での着生が困難である原因は，小型種のノープリウス幼生に比べ格段に体サイズが大きいために従来の飼育条件では栄養要求を満たしておらず，それは餌料珪藻の高密度給餌で克服できる可能性があるのではないか．さらに，ビーカースケールでなく30 L程度の大量飼育を行えば，大量のキプリス幼生のSIPCで，大規模な着生が実現できるのではないか．

これらを組み合わせると，室内飼育したキプリス幼生を無毒型シリコン防汚処理したプラスチック製の養殖基盤の上で，シリコン被覆のない付着指定点にSIPCで誘導し，着生させ大量の養殖用フジツボ種苗とし，海面展開するとフジツボはシリコン被覆の下に潜り込みながら各個体が単独に成長し，収穫時にプラスチック板を撓ることで個別にフジツボを完全剥離し，保護紙に再付着させて出荷することが可能になる，という養殖システムが構想できた．これなら先史時代以来フジツボが食材として普及しない原因を克服できるのではないか．

2009年4月，当時大船渡市にあった北里大学海洋生命科学部で加戸教授の指導のもとに産業レベルでの種苗生産と養殖技術の確立を目指して検討を始めた．当初は3〜5年で実用化できると考えていたが，そんなに簡単ではなかった．2011年の東日本大震災後に筆者が移籍した愛媛大学の井戸篤史博士，2014年からは青森県栽培漁業振興協会の松橋聡養殖部長にもプロジェクトに加わっていただき研究開発に努めたが，本稿執筆時点（2024年春）ですでに16年目となってしまった．アカフジツボでは早期に大量種苗生産と基本的な

図 3.5 付着直後のミネフジツボ種苗

図 3.6 育成中のミネフジツボ

海面養殖技術を確立したが，ミネフジツボでは安定した大量着生・大量種苗生産が実現できず，研究は停滞した（鶴見，2023）．

2022年にようやく解決の端緒を掴み，2024年の春の段階でようやく安定的な種苗の大量生産の確立にたどり着いた（図3.5）．根室市水産研究所提供の餌料珪藻タラシオシラを採用したのがキーポイントだった（鶴見ら，2023）．青森でこの成果は好意的に受け止められ，ようやく社会の注目を受け始めた．青森県は傘下の県栽培漁業振興協会に予算をつけ，量産の検討を開始した．我々の種苗を用いた現場の漁業者による養殖実務の確認も青森県の許可のもとに始まった（図3.6）．

5.3.5　フジツボ利用の展望

ミネフジツボの大量人工種苗生産成功により，養殖希望者は誰でも養殖が可能となる可能性が現実化した．個別にフジツボを完全剥離して出荷する技術により，商品性の高いフジツボが種を問わず市場に安定して供給されれば，人類史上初めてフジツボが食材として広く社会に認知され，人類の新たな食文化になるだろうと期待している．

〔鶴見浩一郎〕

文　献

Franco, S. C., N. Aldred, A. V. Sykes, T. Crus and A. S. Clare (2015). The effects of rearing temperature on reproductive conditioning of stalked barnacles (*Pollicipes pollicipes*). Aquaculture, 448, 410-417.

Lopez, D. A., B. A. Lopez, C. K. Pham, E. J. Isidro and M. D. Girolamo (2010). Barnacle culture: background, potential and challenges. Aquacult. Res., 41, e367-e375.

Pineda, M. O., P. Gebauer, F. A. Briceno, B. A. Lopez and K. Paschke (2021). A bioenergetic approach for a novel aquaculture species, the giant barnacle *Austromegabalanus psittacus*: Effects of microalgal diets on larval development and metabolism. Aquacult. Rep., 21, 100824.

加戸隆介（1996）．新しい食用水産動物としてのミネフジツボの増養殖に関する基礎的研究．平成7年度科学研究費補助金（一般研究C）研究成果報告書．

中西康義・小坂善信・吉田達・篠原由香・鹿内満春（2003）．ミネフジツボ養殖手法開発試験．青森県水産増殖センター事業報告，33，229-241．

塩原優（1993）．陸奥湾の大型食用フジツボ "ミネフジツボ"．うみうし通信14，36-37．（塩原は当時の誤植，正しくは塩垣優）

鶴見浩一郎（2023）．食用フジツボの養殖技術開発．養殖ビジネス2023.2，4-9．

鶴見浩一郎・松橋聡・井戸篤史（2023）．ミネフジツボ養殖のための種苗生産の検討（IV）．Sessile Organisms，40，33．（2023年度日本付着生物学会研究集会講演要旨）

Column 4　付着生物を見て知ってもらうために
―水族館の展示の工夫と発信―

　水族館は，一般には「エンターテイメント施設」のイメージが強いと思われるが，「社会教育施設」でもあり，「教育・環境教育」も主な役割の一つである．様々な水生生物を展示して来館者にその存在を見て知ってもらい，ひいては興味を持ってもらいたいという思いがある．そのため水族館では，どの生物もその姿や生態が観覧者に伝わるよう工夫して展示している．

　付着生物もまたその対象である．名古屋港水族館には，名古屋港の付着生物だけを展示した水槽「マイクロアクアリウム」がある．サンゴのような色彩豊かな付着生物とは異なり，この地域で見られるのはフジツボ類やホヤ類，イガイ類といった小さくて色彩も乏しい生物ばかりである．これらをそのまま展示したのでは，興味どころか存在自体が認識されず，水槽に人が集まりにくい．そこでこの水槽では，他の水槽並みに人が集まり，かつ観察がしやすくなるように特別な装置を設置している．ズーム機能付きカメラと大型モニターである．カメラは水槽手前にあるボタンで倍率と位置を変えることができ，観覧者が撮影対象を自由に選ぶことができる（図1）．この仕掛けは誘客効果が高く，観覧者（特に子供）は映す対象を特に認識していなくても吸い寄せられるように水槽前へ集まり，ボタンをいじり始める．水槽には展示生物の写真付き解説板も掲示されているため，興味が湧けばより詳しく知ることができるようになっている．

　水槽の生物は，板状の付着基盤を水族館の前にある港の岸壁に数か月吊るして付着させ，付着基盤ごと展示している（図2）．生物の種類は設置した基盤の水深と時期によって大きく異なるが，上記した種類以外にもイソギンチャク類やコケムシ類，カンザシゴカイ類，ワレカラ類，ヨコエビ類，カニ類，ウミグモ類，ウミウシ類などが見られる．

　運用面では当館所属のボランティアによる解説も行っている（※コロナ禍以降休止中　2023年8月現在）．解説はモニ

図1　マイクロアクアリウム全体（口絵14参照）
矢印上から大型モニター，水槽本体，操作用のボタン．

ター映像を活用し，観覧者を対象に対話形式で行っている．観覧者からは「フジツボが動くとは考えたこともなかった」「名古屋港にこんなに生物がいるとは知らなかった」と興味深そうな反応が返ってくる．観覧者にとってはより深く学べる場所となり，ボランティアにとっては解説がいがある場所となっている．

また来館者だけではなく，YouTube でも広く一般に向けて情報発信をしている．この水槽に関してはこれまで9本の

図2 展示中の付着基盤3枚（矢印）
3枚とも採集時の水深が異なっていたため，優占種がまったく異なっている．

動画を投稿しているが，その中で最も人気があるのは「フジツボの交尾」である．この動画は2023年8月現在2万6000回以上閲覧されており，ベルーガやバンドウイルカ，ペンギンの動画には及ばないものの，シャチの動画の閲覧数を上回り，当館の動画全375本中13番目の多さとなっている．さらにこの動画は，テレビの人気番組で使用されたことが複数あり，多くの人々の目にも触れることとなった．

フジツボの知名度自体は決して低くなく，海辺で見たことがある人も多いと思われる．しかしその水中の様子はほぼ知られておらず，ましてや交尾をするなど想像の範囲外だろう．人々が抱いている「動かない」イメージと，目の当たりにした生態とのギャップが興味と人気を生んだと思われる．

普段は陽の目を見ない生物でも，見やすい形で発信していけば，不意に光が当たることもある．今後もさまざまな生物を展示し，水族館が世に埋もれがちな生物の存在とその魅力を伝える場所になれるよう努めていきたい． 〔市川隼平〕

Column 5　フジツボ地位向上委員会

　水に暮らす生き物と気軽に出会える場所である水族館．来館者の目的は人それぞれで「世界最大の魚類ジンベエザメが見たい」「大好きなアザラシに会いに来た」などの声をよく聞く．しかし「付着生物のフジツボを見に来た」という人に私はまだ会ったことがない．フジツボの魅力を多くの人に伝えるにはどうすればよいか．私の勤める水族館「海遊館」での活動を紹介させていただく．

　今でこそフジツボが大好きと公言している私だが，元々はイルカが好きでこの世界に飛び込んだ．しかし魚類環境展示チームに配属となりアカフジツボの飼育を担当することが決まり運命の歯車が動き出した．はじめてお世話をするゴツゴツした岩のような生き物．目や口も見えないし顔もわからない．「これは仲良くなれるのか？」フジツボとの出会いはそんな第一印象だった．しかし餌を水槽内に入れ，殻の隙間からピョコピョコと蔓脚（まんきゃく）を出し入れする姿をはじめて見たとき，この不思議な生き物の魅力に一気に引き込まれていった．ある朝，水槽内に無数のうごめく小さなものを見つけ，寄生虫がわいてしまったのかと慌てたが，顕微鏡でよく見てみるとそれはノープリウス幼生だった．飼育員は生き物のことは何でも知っていると思われがちだが，少なくともフジツボについては初心者からのスタートで，日々新しい発見と驚きの毎日を過ごしていた．エボシガイがやってきたときは，丈夫そうで，かつしなやかに動く蔓脚を見て「握手がしたい」と思い，毎日餌のたびにトレーニングを重ね，最終的には餌がなくても指を近づければそっと蔓脚で握り返してくれるようになった．フジツボと思いが通じたと感じた瞬間である．もうその頃にはすっかり魅力に取りつかれ，この不思議な生き物のことをもっとたくさんの人に知ってもらいたい！そう思うようになっていった．

　海遊館では 2022 年 7 月 14 日から 2023 年 1 月 9 日に「視点の多様性」をテーマとした特別展示「視点転展（てんてんてん）～色んな見え方，感じ方～」（図1）を開催することが決定し，制作メンバーとして参加することになった．常設展示の大型

図1　海遊館での特別展「視点転展」

水槽では難しいフジツボの展示ができる絶好のチャンス到来である．企画会議のたびにフジツボの面白さや魅力をメンバーに熱くプレゼンし，コロナ禍を経て2年以上の準備期間をかけたこの特別展では「フジツボと考える　おとなっていつから？」というコーナーが実現した．当初の展示計画ではアカフジツボの生体展示とフジツボの基礎知識を書いた回転式解説板のみの展示であったが，私が伝えたいフジツボの話はもっとあるのに！　とメンバーに持ちかけ，フジツボの豆知識をレポート風に追加掲示した．レポートは1枚ずつ思いを込めて手書きし，18枚にもなった．自信を持って制作したものの，やはり内心「本当にみんなにフジツボの魅力は伝わるのか？」と不安もあった．なぜなら，過去の経験上，長文の掲示物は敬遠され最後まで読んでもらえないことが多かったからだ．そんな気持ちを展示の最後に「フジツボ地位向上委員」と名乗り，「世界最大の魚類ジンベエザメのような派手さはないけれど，フジツボはとても魅力的な生き物です．あなた中にもフジツボ愛が芽生えるとうれしいです」と載せた．結果，来館者アンケートではフジツボに対する好意的な意見が多数寄せられることとなった．あまりの反響に3月にはオンラインイベント「フジツボ地位向上委員会」を開催した．フジツボについてひたすら熱く語る40分間という内容であったが全国から参加者が集まり，手ごたえを感じた．このときに実施した来館者への事前アンケートで面白かったのが「フジツボを知らない」と答えた人が約7割であったのに対し，「フジツボに興味ありますか？」という質問には約半数の人がYesと答えたことである．よく知らない生き物だけど，だからこそどんな生き物か知りたいと思う人が予想以上に多かったのだ．そしてこのイベントがきっかけでラジオ局からも出演依頼があり，生放送でフジツボ愛を語ることとなった．放送後もSNSで「フジツボに興味が湧いた」など好意的な書き込みがあり，フジツボ愛はまだまだ色々な所で広げられそうだ．

　生き物に対する興味，海や自然に対する興味は，いつどんなことから始まるのかわからない．きっと人それぞれに，思いもよらないきっかけがあるのだと思う．そして水族館には興味の入口がたくさんある．これからも，色々な方法でフジツボをはじめとする付着生物の面白さを伝えていきたい．　　　　　　　〔井上智子〕

Column 6 世界初！ フジツボコンサートツアー

　みなさんはフジツボの殻でメロディが奏でられることをご存知だろうか？　実は個体を選べば一つのフジツボでほとんどの J-POP の曲を演奏できる（図 1）．フジツボの穴に息を吹きかけると音が鳴る．フルートや尺八と似たしくみだ．息を当てる角度や場所を変えると音の高さが変わり，メロディを奏でられる．私はこのフジツボを用いて演奏活動をしてきた．中でも 2022 年 12 月の兵庫での 3 日間のコンサートツアーは心に残っている．今回はそのときの様子をお伝えしたい．

　初日は兵庫県三田市の商業施設（サンフラワー）内の現場に着くと，地元の子供たちが色付けをしたカラフルで可愛らしいストリートピアノが待っていた（図 2）．この日はピアニストのミチコさんとコラボ．なんと，このストリートピアノはミチコさんが企画して設置したのだそうだ．ミチコさんとはクリスマス曲やアニメ『鬼滅の刃』の主題歌「紅蓮華」など流行の歌などを演奏した．

「ちゃんと曲になってる！　すごーい!!」

「じゃあこれも吹ける？」

そんな調子で次々と曲を演奏．褒め言葉に弱い私は，普段は絶対吹かない「Time To Say Goodbye」のようなクラシックも吹いた．

　2 日目は生憎の雨．この日は兵庫県立人と自然の博物館（ひとはく）に新しくできた施設「コレクショナリウム」での演奏だ（図 3）．真冬の寒さも手伝い部屋に篭りたくなる天気だった．そのため，人が入るか心配だったが，博物館スタッフの呼びかけで親子連れを中心に 30 人近くの観客が集まった．この日一番思いを込めたのは，最後に演奏した Ado さんの「新時代」．みなさんのご想像のとおり，一般にフジツボの注目度は高くない．しかし 2022 年，「博物ガチャ」と呼ばれる，貝殻や草

図 1　演奏に用いるフジツボ

図 2　ピアニスト・ミチコさんとのコラボ演奏

図3 ひとはくでの演奏　　　　　図4 香美町でのコンサート

木のカプセルトイがあるのだが，その紹介ポスターのど真ん中にフジツボがあったのを目にした．「これはフジツボの新時代が来るのではないか？」という期待を込めて最後に演奏した．実はコンサートの中で一番期待していたのは，この「新時代」の演奏を通してフジツボ演奏の楽しさとフジツボ自体の認知度を高めることだった．この曲を演奏すると，会場から温かい手拍子があり嬉しかった．

　3日目は，ひとはくから車で2時間ほど離れた香美町ジオパークと海の文化館で演奏した（図4）．この日のMCでは，参加者にフジツボの印象を聞き，即興で作曲をした．演奏前の頼末武史氏（兵庫県立大学/人と自然の博物館）の講演の中にあった「フジツボの『気持ち悪い』イメージを『かわいい』に変えたい」という言葉をコンセプトとし，ジオパークの西田館長が提案した「海のエイリアン」というキーワードも取り入れ，「フジツボ気持ち悪いけど可愛いな　海のエイリアン」という曲を作曲し，演奏した．

　こうして世界初と思われる怒涛のフジツボコンサートツアーはあっという間に終わってしまった．実は一部のプラスチック容器ではフジツボと同じ吹き方で曲を演奏できるが，その音はやや人工的．フジツボだからこそまるで歌っているかのような音色になる．演奏を通じて生命の神秘を感じてもらえたら嬉しい．

　最後に，このツアーを企画いただいた頼末先生，そしてコラボしていただいたミチコさん，香美町ジオパークという素敵な会場をご用意いただいた西田館長，音響や準備などを手伝ってくださった皆様にこの場を借りて感謝申し上げます．

〔伏見香蓮〕

お わ り に

　日本付着生物学会は 2022 年に 50 周年を迎えた．本学会には "付着生物" というキーワードを元に，多様な分野の人々が集う．過去には本学会編集による『付着生物研究法：種類査定・調査法』(恒星社厚生閣, 1986) や，その改訂版である『新・付着生物研究法：主要な付着生物の種類査定』(恒星社厚生閣, 2017) が刊行された．これらの書籍では付着生物の分類や調査研究手法について詳細に解説されており，付着生物に関わりのある多くの研究者等に活用されている．また『黒装束の侵入者：外来付着性二枚貝の最新学』(恒星社厚生閣, 2001) や，『フジツボ類の最新学：知られざる固着性甲殻類と人とのかかわり』(恒星社厚生閣, 2006) ではそれぞれ，付着性イガイ類やフジツボ類についての生態や人との関わりが詳しく紹介されている．

　本書では，特定の生物種に偏らず幅広い付着生物種についての生態から防除技術，環境変動，養殖，文化的価値まで，さまざまな角度から見た "付着生物研究" の入門書を目指した．専門家はもちろんのこと，付着生物に興味のある一般市民から，これまで付着生物に関わりのなかった幅広い実務者・研究者が本書を手に取って下さることを期待している．本書では，分野・実績・肩書きを問わず，付着生物に魅せられて行う独自の取り組みを "付着生物研究" と定義したい．そのような各方面の付着生物研究の生の声を伝えるべく，普段は "研究者" と呼ばれていない方々にも多数ご執筆をお願いした．そのおかげで他に類を見ないバラエティに富んだ付着生物書を刊行することができたのではないかと編集者らは感じている．多様な読者層にアプローチできるよう，可能な限り専門的な表現を避け平易な記述にして頂くなど，執筆者には多くのご無理をお聞き入れ頂いた．書籍などの執筆に普段あまり馴染みのない方も少なくなかったと思うが，頂戴した玉稿はどれも執筆者各位の研究に対する思いや，付着生物に対する愛情に溢れた素晴らしいものであり，日本付着生物学会 50 年の取り組みが映し出されているかのようだった．ご執筆頂いた方々には心より感謝申し上げたい．

　本書の編集を通して，"社会を豊かにする付着生物研究" とは何かということについて考えることができたことは大変有意義であった．*Sessile Organisms* 20 巻 Special 号（日本付着生物学会創立 30 周年記念号）の巻頭において日本付着生物

学会初代会長の梶原武は，それまでの基礎研究や防汚研究に加え，医薬品や生化学試薬などの資源生物，水質浄化生物群集，水環境モニタリング生物，生物試験生物，生態系研究モデル生物としての付着生物の研究・利用価値を提案している．その後，多くの人々の努力が実を結び，付着生物研究は我々の社会を豊かにしている．

近年，経済的な豊かさのみを追い求める時代は終わりを迎え，人生への幸福感や満足感を大切にするウェルビーイングの概念が重視されつつある．編集者の一人である頼末は，付着生物を通して国内外に多くの友人や自身の専門とは異なる分野の共同研究者ができ，世界が広がったと感じている．室﨑は，付着生物研究に携わることがなければ，生物や自然を省みることのない高分子化学者になっていたかもしれない．付着生物を通じて日本付着生物学会に集まる多様な人材との交流は，渡部に豊かな視点を与えてくれた．

本学会が，"分野横断"という言葉が普及する以前に，自然とその理念を体現して50周年を迎えたことは驚異的で，学会の前身となる付着生物研究会の創設に関わられた先生方，これまで学会を支えてくださった多くの方々に敬意を表したい．今後も学会が多様性に満ち発展するとともに，付着生物研究が益々社会を豊かにすることを願っている．

2024年9月

頼末武史・室﨑喬之・渡部裕美

索　引

ア　行

アクロラジ　54
アマモ酸　83
安定同位体比　122
アンブラ　17
アンボ　137

イガイ科　104
イガイ類　11
イカリチョウチン類　15
異形個虫　17
イソギンチャク目　27
イソギンチャク類　11
イソシアノ基　82
イソチオシアネート基　82
イソヤムシ　16
イタチムシ　16
位置エネルギー　56
一時付着　66
一時プランクトン　32, 123
一過性受容体電位型チャネル　83
イベルメクチン　84

ウニ　16, 113
ウニ焼け　113
ウミガメ　15
海のエイリアン　157
ウミユリ綱　16
ウミユリ類　29

栄養塩　120
エコミメティクス　96
越境分散　17
エフィラ　54
襟細胞　13

沿岸生態系　119
鉛直循環　125

オクトパミン受容体　84
汚損生物　6
オタマボヤ　124
女川湾　120
温暖化　110
温排水　110

カ　行

カイアシ　122
海水溶存性着生誘起フェロモン　41
海藻藻場　11, 113
海草藻場　11
海中センサー　85
海底環境　124
海底ゴミ　12
外部温度　75
界面　57
海綿動物門　13
海面養殖　11
カイメン類　11
海遊館　154
海洋環境　120
海洋酸性化　112
海洋生態系　125
海洋熱波　112
外来種　7
外来付着生物　7, 104
カキ養殖　127
カキ幼生　135
カキ幼生検出アプリ　140
カキ幼生自動判別　133
カキ類　11
拡散型防汚塗料　89

カクレスナギンチャク科　27
カサガイ　11
火山活動　115
加水分解型樹脂　88
加水分解型防汚塗料　90
ガストレア起源説　18
加速度　57
カプサイシン　82
カメノテ　144
軽石　16
環境変動　123
環境モニタリング　119
環形動物門　15
カンザシゴカイ類　11
完全防汚　95
管足　16
カンチレバー　68
眼点　47
カンプトテシン　84
冠輪動物　13

基盤吸着性着生誘起フェロモン　39
キプリス幼生　66
キャッチ触手　54
吸光度　47
吸盤　16
教育　152
狭喉綱　15
競争　18
棘皮動物門　16
魚礁　119
金属アクリル樹脂　90

クジラ　15
クラゲ　53
クラゲムシ　14

クラゲ芽　54
黒潮　110
クロロフィル a　123
クローン　53
群集構造　124
群体渦鞭毛虫仮説　18

原核生物　9
原子間力顕微鏡　68
懸濁物　13, 119
懸濁物食者　11

高級食材　144
光合成　114, 125
光合成生物　114
高 CO_2 生態系　115
高水温現象　112
後生動物　10
構造改変者　23
紅藻類　10
交尾　153
膠胞　14
ゴカイ　123
ゴカイの森　24
国内分布　104
コケムシ類　11
固着性　10
固着生活　9
骨片　17
コトクラゲ　14
コロニー　53
コンブ目　113

サ 行

採苗　130
採苗安定化対策　132
採苗不調　131
材料工学　19
左右相称　18
サンゴ　112
サンゴ礁　19
三陸海岸　119

嘴殻亜門　15
自己研磨型船底防汚塗料　80

自己研磨作用　90
自己修復　74
仕事　56
自然災害　120
持続的発展　94
櫛口目　15
室内着生技術　149
刺胞　14
刺胞動物門　14, 53
終生プランクトン　32, 123
臭素化合物　81
出芽　18
種特異性　43
種苗生産　150
触手冠動物　15
触手状個虫　17
食植性魚類　113
植物プランクトン　119
食物網　125
シリコーンオイル　75
餌料環境　123
シンカイスナギンチャク科　27
シンカイヤドカリ類　27
真核生物　18
人工構造物　119
新口動物　13
唇口目　15
親水・疎水ドメイン構造　90
親水・疎水ナノドメイン構造
　93
振鞭体　17

垂下式養殖　119
水溝系　13
水産資源　125
水質　120
水族館　152
水素結合　61
水柱環境　124
水中接着タンパク質　65
スウィーパー触手　54
スケルトン層　89
スズメガイダマシ科　15
ストロビラ　54
スナギンチャク目　27

スマートフォン　137
スライム　5

生活型　53
生活史　19
棲管　15
制限防汚　95
生態系　120
生態系エンジニア　22
生態防汚　95
生物活性物質　17
生物多様性　22, 94
生物被膜　5
生物模倣技術　95
脊索動物門　16
石灰化　114
石灰化生物　114
舌殻亜門　15
節足動物門　15
接着タンパク質　66
セメント腺　66
セロトニン受容体　83
前口動物　13
船体付着　98
船底防汚塗料　87
センナリスナギンチャク科　28
船舶防汚方法規制条約　80
繊毛虫　124

双極子-双極子相互作用　65
走光性　48
造礁性イシサンゴ類　11
足糸　15
足盤　15
ソーラーパネル　76

タ 行

太陽光発電　76
多核体繊毛虫仮説　18
多細胞動物　10
畳み込みニューラルネットワー
　ク　139
脱皮動物　13
多板綱　15
探索行動　39

索　引　163

単板綱　15
担輪動物　15

力　56
地球温暖化　112, 124
着生誘起タンパク質複合体　67
着生誘起フェロモン　145
着氷雪防止　77
鳥頭体　17
超撥水性　72

ツブスナギンチャク科　27

定在類　15
底質　120
底生生物　1, 120
底生生物相　124
電気二重層　65
展示　152

頭殻亜門　15
動物プランクトン　120
東北地方太平洋沖地震　119

ナ 行

内航船舶　108
内肛動物門　15
名古屋港　152
ナノドメイン構造　92
ナマコ　16
軟体動物門　15
難付着性　72

肉茎　15
二酸化炭素　112
二枚貝　125
二枚貝綱　15
人間活動　121

濡れ現象　56

ネイチャーテクノロジー　95
ネクトン　1

ノープリウス幼生　154

ハ 行

バイオミメティクス　71, 94
配偶子　19
博物ガチャ　156
箱虫類　53
鉢虫綱　15
鉢虫類　53
撥液性　74
白化　112
バックキャスト思考　95
八放サンゴ　11
ハビタット　119
腹殻　15
バラスト水　97
バラスト水管理条約　99
バラスト水処理設備　100
半索動物門　16
万有引力　57
万有引力定数　57

被喉綱　15
ピコロコ　146
ヒザラガイ類　15
引っ張り接着強度　70
ヒトデ　16
ヒドロ虫類　11, 53, 123
被囊　16
兵庫県立人と自然の博物館
　156
表面　56
表面張力　56
漂流ゴミ　16
ヒラムシ　16
貧酸素　125

ノァンブルリールス相互作用
　65
風力発電　77
フェロモン　38
フォーキャスト思考　95
フォースカーブ測定　68
腹足綱　15
腹毛動物門　16
フサカツギ綱　16

フジツボ　38, 121, 144, 154
フジツボ演奏　157
フジツボ類　11
付着器　66
付着機構　19
付着基質　11
付着強度　68
付着性　10
付着性汚損生物　14
付着生活　9, 53
付着生物群集　3
付着物質　19
付着力　66
物質循環　125
フットプリント　67
船底　15
浮遊環境　124
浮遊生活　53
浮遊性生物相　124
浮遊生物　1
浮遊幼生　46
プラヌラ　53
プランクトン　1, 16
プランクトン幼生　31
フローイメージング顕微鏡　141
フローイメージング法　141
分散　16, 31
分布拡大要因　107

へい死　112
平板動物門　16
ベルセベス　144
扁形動物門　16
ペンタクリノイド幼生　16
ベントス　1, 120

防汚剤　80, 87
防汚性　74
崩壊型防汚塗料　89
防御機構　17
放射相称　18
ホシズナ　9
ホタテガイ　119
ホヤ　119
ホヤ類　11

ボランティア 152
ポリクローナル抗体 67
ポリジメチルシロキサン 74
ポリプ 53
ポリプ世代 14
本垂下 130

マ 行

マイクロアクアリウム 152
マイクロイメージングデバイス
　142
マガキ 119
マボヤ 119
蔓脚 154

ミジンコ 123
ミドリイガイ 104
ミネフジツボ 146
ミョウガガイ 12

無関節類 15
虫室 15
無性生殖 53
無脊椎動物 11
ムラサキイガイ 121

メチルファルネソエート 84
メデトミジン 81

毛顎動物門 16

ヤ 行

躍層 125
ヤドカリスナギンチャク 27
ヤドリスナギンチャク属 27

遊泳生物 1
有関節類 15
誘起効果 65
有機シリル化合物 90
有機スズ化合物 87
有機スズポリマー 87
遊在類 15
有櫛動物門 13
有性生殖 53

養殖貝類 11
養殖技術 150
養殖漁業 119
養殖施設 11
養殖棚 119
幼生 19
溶存酸素 125
抑制 130

ラ 行

裸喉綱 15
らせん状個虫 17

リアス海岸 119
離しょう 74
緑藻類 10

ワ 行

ワムシ 16
腕足動物門 15

欧 文

AFS 条約 80
AI 画像検出 135
Cahn 式エレクトロバランス 67
CBB 染色試薬 67
CNN 139
CO_2 112
CO_2 シープ 115
DLVO 理論 65
MULTIFUNCin 41
Mussel Watch 6
PDMS 75
roll-to-roll 法 77
Self-Polishing 90
SIPC 39, 67, 145
SLIPS 73
SLUG 74
TEEB 23
TRP チャネル 83
WSP 41
YouTube 153

輪形動物門 16

濾過食者 13
ロジン 88
ロンドン効果 65

付着生物のはなし

―生態・防除・環境変動・人との関わり―　　　定価はカバーに表示

2024 年 11 月 1 日　初版第 1 刷

編　集　日本付着生物学会

発行者　朝　倉　誠　造

発行所　株式会社　朝　倉　書　店
　　　　東京都新宿区新小川町 6-29
　　　　郵 便 番 号　162-8707
　　　　電　話　03(3260)0141
　　　　ＦＡＸ　03(3260)0180
　　　　https://www.asakura.co.jp

〈検印省略〉

Ⓒ 2024〈無断複写・転載を禁ず〉　　　　　シナノ印刷・渡辺製本

ISBN 978-4-254-17196-9　C 3045　　　　Printed in Japan

JCOPY〈出版者著作権管理機構　委託出版物〉

本書の無断複写は著作権法上での例外を除き禁じられています．複写される場合は，
そのつど事前に，出版者著作権管理機構（電話 03-5244-5088，ＦＡＸ 03-5244-5089,
e-mail：info@jcopy.or.jp）の許諾を得てください．

図説 無脊椎動物学

R.S.K. バーンズ (著)／本川 達雄 (監訳)

B5 判／592 頁　978-4-254-17132-7　C3045　定価 24,200 円（本体 22,000 円＋税）
無脊椎動物の定評ある解説書 The Invertebrate―a synthesis―（第 3 版）の翻訳版。豊富な図版を駆使し，無脊椎動物のめくるめく多様性と，その奥にひそむ普遍性《生命と進化の基本原理》が，一冊にして理解できるよう工夫のこらされた力作。

これからの海洋学 ―水の惑星のリテラシー―

横瀬 久芳 (著)

A5 判／160 頁　978-4-254-16081-9　C3044　定価 2,200 円（本体 2,000 円＋税）
"水の惑星"である地球を，惑星という大きな視点から，気候・気象，海と人間のかかわり，海の生物からマイクロプラスチックにいたるまで，オールカラーでわかりやすく口語調でまとめた。好評を博した同著者による『はじめて学ぶ海洋学』（2015）は，学部向け教科書として刊行されたが，今回はこれに続き，より一層一般の科学・海洋ファンに向けて内容を構成した。

身近な水の環境科学 第 2 版

日本陸水学会東海支部会 (編)

A5 判／168 頁　978-4-254-18062-6　C3040　定価 2,860 円（本体 2,600 円＋税）
身近な水である河川や海洋などの流域環境に人間の環境がどう影響しているかという視点で問題を提起し，その対策までを学生に伝える。章末問題も入れながら，多角的に考えられる入門書を目指す。

社会基盤と生態系保全の基礎と手法

皆川 朋子 (編集幹事)

B5 判／196 頁　978-4-254-26175-2　C3051　定価 4,070 円（本体 3,700 円＋税）
土木の視点からとらえた生態学の教科書。生態系の保全と人間社会の活動がどのように関わるのか，豊富な保全・復元事例をもとに解説する。

分子間力と表面力 （第 3 版）

J.N. イスラエルアチヴィリ (著)／大島 広行 (訳)

B5 判／600 頁　978-4-254-14094-1　C3043　定価 9,350 円（本体 8,500 円＋税）
第 2 版から約 20 年，物理化学の一分野であるコロイド界面化学はナノサイエンス・ナノテクノロジーとして変貌を遂げた。ナノ粒子やソフトマター等，ライフサイエンスへの橋渡しにもなる事項が多く付け加えられた。大改訂・増頁

人と生態系のダイナミクス1 農地・草地の歴史と未来

宮下 直・西廣 淳 (著)

A5判／176頁　978-4-254-18541-6　C3340　定価2,970円（本体2,700円＋税）

日本の自然・生態系と人との関わりを農地と草地から見る。歴史的な記述や将来的な課題解決の提言を含む，ナチュラリスト・実務家必携の一冊。〔内容〕日本の自然の成り立ちと変遷／農地生態系の特徴と機能／課題解決へのとりくみ

人と生態系のダイナミクス2 森林の歴史と未来

鈴木 牧・齋藤 暖生・西廣 淳・宮下 直 (著)

A5判／192頁　978-4-254-18542-3　C3340　定価3,300円（本体3,000円＋税）

森林と人はどのように歩んできたか。生態系と社会の視点から森林の歴史と未来を探る。〔内容〕日本の森林のなりたちと人間活動／森の恵みと人々の営み／循環的な資源利用／現代の森をめぐる諸問題／人と森の生態系の未来／他

人と生態系のダイナミクス3 都市生態系の歴史と未来

飯田 晶子・曽我 昌史・土屋 一彬 (著)

A5判／180頁　978-4-254-18543-0　C3340　定価3,190円（本体2,900円＋税）

都市の自然と人との関わりを，歴史・生態系・都市づくりの観点から総合的に見る。〔内容〕都市生態史／都市生態系の特徴／都市における人と自然との関わり合い／都市における自然の恵み／自然の恵みと生物多様性を活かした都市づくり

人と生態系のダイナミクス4 海の歴史と未来

堀 正和・山北 剛久 (著)

A5判／176頁　978-4-254-18544-7　C3340　定価3,190円（本体2,900円＋税）

人と海洋生態系との関わりの歴史，生物多様性の特徴を踏まえ，現在の課題と将来への取り組みを解説する。〔内容〕日本の海の利用と変遷：本州を中心に／生物多様性の特徴／現状の課題／人と海辺の生態系の未来：課題解決への取り組み

人と生態系のダイナミクス5 河川の歴史と未来

西廣 淳・瀧 健太郎・原田 守啓・宮崎 佑介・河口 洋一・宮下 直 (著)

A5判／152頁　978-4-254-18545-4　C3340　定価2,970円（本体2,700円＋税）

河川と人の関わりの歴史と現在，課題解決を解説。生態系から治水・防災まで幅広い知識を提供する。〔内容〕生態系と生物多様性の特徴（魚類／植物／他）／河川と人の関係史（古代の治水と農地管理／湖沼の変化／他）／課題解決への取組み

シリーズ〈水産の科学〉3 カキ・ホタテガイの科学

尾定 誠 (編著)

A5 判／224 頁　978-4-254-48503-5　C3362　定価 4,400 円（本体 4,000 円＋税）

洋の東西を問わず，昔から珍重されてきたカキとホタテガイについて，文化史や生理・生態，漁業と養殖，食品科学などさまざまな側面から解説。〔内容〕文化／イタヤガイ類の分類／マガキの種苗生産／貝毒／栄養／保存と加工／輸出入／他

シリーズ〈水産の科学〉4 ノリの科学

二羽 恭介 (編著)

A5 判／208 頁　978-4-254-48504-2　C3362　定価 4,180 円（本体 3,800 円＋税）

ノリは古くから日本で食され，その養殖の歴史は江戸時代までさかのぼる。文化史や生態，加工などさまざまな側面から総合的に解説。〔内容〕養殖の歴史／世界のノリ事情／形態と分類／色彩と色素／遺伝育種／商品加工／生産・流通／他

土の中の生き物たちのはなし

島野 智之・長谷川 元洋・萩原 康夫 (編)

A5 判／180 頁　978-4-254-17179-2　C3045　定価 3,300 円（本体 3,000 円＋税）

ミミズやヤスデ，ダニなど，実は生態系を下支えし，人間の役にも立っている多彩な土壌動物たちを紹介。〔内容〕土壌動物とは／土壌動物ときのこ／土の中の化学戦争／学校教育への応用／他

アメーバのはなし ―原生生物・人・感染症―

永宗 喜三郎・島野 智之・矢吹 彬憲 (編)

A5 判／152 頁　978-4-254-17168-6　C3045　定価 3,080 円（本体 2,800 円＋税）

言葉は誰でも知っているが，実際にどういう生物なのかはあまり知られていない「アメーバ」。アメーバとは何か？　という解説に始まり，地球上の至る所にいるその仲間達を紹介し，原生生物学への初歩へと誘う身近な生物学の入門書。

グローバル変動生物学 ―急速に変化する地球環境と生命―

エリカ B. ローゼンブラム (著)／宮下 直 (監訳)／深野 祐也・安田 仁奈・鈴木 牧 (訳)

B5 判／344 頁　978-4-254-18064-0　C3045　定価 13,200 円（本体 12,000 円＋税）

地球規模での環境変動が生物に対して与えている影響をテーマに，生物多様性や環境保全における課題を提示し，その解決法までを豊富な図とともに丁寧に解説する。生態学や環境保全を学びたい学生はもちろん，環境保全に取り組む行政・企業・団体等の実務者にも必須の 1 冊。オールカラー。訳者による日本語版オリジナルのコラム付き。

上記価格は 2024 年 9 月現在